"十二五"国家科技支撑课题"建筑室外环境改善技术
集成示范与评价(2013BAJ02B04)"成果之一

舒适宜居的建筑外环境规划设计技术

"建筑室外环境改善技术集成示范与评价"课题组　编著

U0215409

中国林业出版社

·北　京·

主编人　白伟岚　赵彩君
参编人　史丽秀　朱燕辉　董　丽　齐石茗月
　　　　丁　奇　苏　毅　颜玉璞　王　悦　潘剑彬

图书在版编目(CIP)数据

舒适宜居的建筑外环境规划设计技术／"建筑室外环境改善技术集成示范与评价"课题组编著.
—北京：中国林业出版社，2017.4
ISBN 978-7-5038-8963-9

Ⅰ.①舒…　Ⅱ.①白…　Ⅲ.①建筑设计-环境设计-研究　Ⅳ.①TU-856

中国版本图书馆 CIP 数据核字(2017)第 068651 号

中国林业出版社·风景园林出版分社
策划、责任编辑：贾麦娥
电话：(010)83143562

出版发行　中国林业出版社(100009　北京市西城区德内大街刘海胡同 7 号)
　　　　　http：／www.forestry.gov.cn/lycb.html
经　　销　新华书店
印　　刷　固安县京平诚乾印刷有限公司
版　　次　2019 年 12 月第 1 版
印　　次　2019 年 12 月第 1 次印刷
开　　本　787mm×1092mm　1/16
印　　张　10.5
字　　数　240 千字
定　　价　78.00 元

未经许可，不得以任何方式复制或抄袭本书之部分或全部内容。

版权所有　侵权必究

目 录 contents

1 绪 论

1.1 气候系统与研究尺度界定

气候是以对某一地区气象要素进行长期统计(平均值、方差、极值概率等)为特征的天气状况的综合表现。

依据气候影响时空范围的大小,气候系统可分为全球气候、地区气候、局地气候和微气候四类(表1-1)。全球和地区气候与局部地面状况无关,人类只有适应。而局地气候受下垫面状况和人类活动影响显著,人们在适应的同时也可以对其进行调节。本书重点关注建筑室外微气候,即建筑、地形、植被等因素共同作用形成的小气候状况,旨在提升室外环境舒适度,促进建筑节能。

表 1-1 气候系统分类(依据杨柳(2010)改编)

气候系统		气候特征对建筑影响范围的尺度		时间范围	应对策略
		水平范围(km)	垂直范围(km)		
全球气候		2000	3~10	1~6个月	适应
地区气候		500~1000	1~10	1~6个月	适应
局地(地形)气候		1~10	0.01~1	1~24个小时	适应、调节
微气候	建筑室外气候	0.1~1	0.1	24小时	调节
	建筑室内气候	0.01~01	0.01	24小时	调节

1.2 建筑外热环境

1.2.1 建筑外热环境的改变和城市热岛效应

由于城市人口的急剧增长(Debbage et al,2015),城市边界的不断扩张,会显著增加建成区面积和人类活动,从而导致城市下垫面(柏春,2009)性质以及能量平衡的改变,并因此影响城市气候(Yan et al,2014b;冯悦怡等,2014),引发大量环境问题,热岛效应(Urban Heat Island,简称UHI)就是其中之一(Roth,2007)。城市热岛现象是城市地区的空气或表面温度高于其周边农村地区温度的现象(Memon et al,2011)。其中,以热岛效应为代表的城市热环境恶化已成为21世纪影响城市生态环境的重要因素,并造成了城市人居环境质量(Memon et al,2008)恶化。引发热岛效应的途径有很多,包括人为热排放量的增加,地表蒸发降温的减少,地表反射率的降低等(Oke,1982)。

在城市中,受到建筑密度、建筑布局、建筑材料、绿地覆盖率、水体布置及人群能量消耗、汽车热量排放、空间排热等因子的影响,建筑外环境气温也会增加。在夏季,这种现象的出现不仅会增大人们中暑的概率,还会促进光化学烟雾的产生、增加空调能源消耗,给居民的生活与工作带来负面影响。

1.2.2　影响建筑外热环境的气候要素

气候要素指的是表征气候特征或状态的参数，如气温、降水量、风等。一定区域的气候特征取决于气候要素的变化及其组合情况（杨柳，2010）。与建筑外环境舒适度相关的气候要素主要包括太阳辐射、风、空气温度、大气湿度和降水。城市区域受到下垫面改变和人类活动的影响，往往会形成特殊的局地气候状况和特征，主要体现在日照偏少、气温偏高和风速减小。

1.2.3　建筑对建筑外热环境的影响

大量学者研究过建筑设计与热环境之间的关系，不同的建筑布局形式会对建筑外热环境有不同的影响，目前针对这一领域的研究大多使用软件进行建筑环境模拟，进而测评不同结构对环境光照、温度、湿度、风速等因子的影响，从而指导建筑的规划与设计。常用的软件有 CFD（曾彪，2014）、CAARC 标准模型（龚晨等，2014）、BIM 软件（周滔等，2014）、ENVI-met 模型（Taleghani et al，2015）等。

Steemers 等人提出 6 项伦敦城市形态的原型，并比较太阳辐射、建成潜力（built potential）和日光入射（daylight admission）之间的关系（K. Steemers，1997）。他们与 Ratti 公司合作（Ratti et al，2003）研究城市马拉喀什，得到的结果是在寒冷的气候下，庭院式布局可以提供更适宜的环境，因为此种布局可以集中阳光并抵御寒风。有荷兰学者研究 3 种主要城市形式（单数，线性和庭院）对建筑微环境的影响（Taleghani et al，2015），发现在荷兰的温带气候区，独栋式的模型提供长时间的太阳辐射的户外环境，而在夏季庭院型中较少受到太阳辐射，有更舒适的热环境。

建筑设计可以显著影响建筑外热环境，其中最主要的因素就是天空可视因子（Giridharan et al，2007）。Bourbia 和 Awbi 在阿尔及利亚的城市埃尔瓦迪研究了建筑群对室外空气和地表温度的高度与宽度的比例（H/W）和天空可视因子（SVF）的影响。SVF 是天空从一个点观察到的天空半球的比例。他们得出的结论是，通过控制天空视角因数和街道结构能够防止高温在城市峡谷中产生，但这些结论仅适用于局地尺度（local scale），而非城市尺度。Bourbia 和 Boucheriba（Bourbia et al，2010）在康斯坦丁、阿尔及利亚测量了 7 个不同站点的室外空气温度和表面温度，其中高宽比在 1~4.8 之间，而天空视野因子在 0.076 和 0.580 之间。他们发现在炎热干旱的气候中，天空可视因子越大，室外空气温度就会越高。植被和气候适宜的设计在炎热和干旱气候的作用也被 Erell（E. Erell，2012；Shashua-Bar et al，2009）和 Taleghani（Taleghani et al，2014）等人广泛讨论。在北纬 26°~34° 地区，由 Yezioro 等人使用 SHADING 程序完成的研究城市庭院环境，他们指出对于散热目的来说，一个长方形的庭院最好的方向是南北向（即东、西外墙更长），其次是西北-东南，东北-西南，东西（按顺序）。他们发现在炎热的气候或季节中，南北方向在庭院中心的直接阳光照射时间最短。他们还研究了夏季热舒适性，结果表明，阴影区和非阴影区域之间的空气温度差仅为 0.5℃，但平均辐射温度差高达 30℃（Berkovic et al，2012）。

总的来说，建筑结构和布局由于影响太阳辐射和天空可视因子，从而对建筑热环境特征产生影响，一般认为庭院式结构在夏季拥有凉爽的环境而在冬季拥有较温暖的环境。而天空可视因子的本质也是由于建筑会遮挡部分太阳辐射而导致空气温度产生变化，一般认为，天空可视因子越高，环境温度越高。

1.2.4　绿地对建筑外热环境的影响

1.2.4.1　植被对微尺度建筑外热环境的影响

植物在酷热的夏天能够通过吸收和反射太阳的辐射以及蒸腾作用，降低遮阴区域的近地面空气温度，增加湿润度，从而改善城市热环境以及增加热环境的舒适度（Oke et al，1989；Shashua-Bar，2000；晏海等，2012a）。植被不仅可以改善环境热舒适度，还可以显著降低建筑能耗。

（1）降低建筑能耗

绿化可以在冬季和夏季调节建筑负荷。夏季，栽植在建筑周围的各类植物主要利用植物遮阴和蒸腾作用来减少建筑受到的太阳辐射量，从而使建筑吸收的热能减少，降低建筑制冷能耗（刘惠民，1998）。冬季，植物可以形成风障，降低建筑表面的空气流速，减少冷风的吹入量从而降低建筑制热的能耗。

立体绿化就是充分利用不同的立地条件，选择攀援植物及其他植物栽植并依附或者铺贴于各种建、构筑物及其他空间结构上的绿化方式。日本学者经过对绿化屋面的观测和研究后发现，绿化屋面可以有效阻止 50% 的热流通过，并利用风道试验和运算模型证明了绿化屋面具有一定的降温增湿作用（Onmura，2001）。Niachou 等人通过数学计算方法，对绿化屋面的表面气温进行测量，进一步研究得到了绿化屋面的热特性，并且对节约能力进行了研究（Niachou，2001；施琪，2006）。日本有关学者对绿色植物控制墙面温度上升和植被叶面水分蒸散作用的相关性进行研究，发现有植物覆盖的建筑外墙表面温度比无植被覆盖的温度要低 10℃ 左右，而对于室内温度而言，有绿化覆盖比无绿化覆盖低 7℃ 左右（陈明吴等，2000）。我国有学者研究发现有绿化的墙面可在春天提高相对湿度 35%，并可以降低墙面表面温度和昼夜温差（施琪，2006）。有美国学者对有无常春藤覆盖的建筑四周表面的微环境进行研究，研究小组通过墙壁监控现有各建筑立面立体绿化如何影响外表面温度、热通量、空气温度、相对湿度，绝对湿度和紧邻外墙的空气流速，结果表明有常春藤覆盖的建筑表面平均降温 0.7℃（最大可达到 12.6℃）。该覆盖层也可以降低室外环境温度，降温范围在 0.8~2.1℃ 之间（Susorova et al，2014）。有国外学者对有绿化和没有绿化的屋面的辐射温度进行研究，发现在反照率相同的情况下，绿化屋面的辐射温度更低，这就意味着它发射的长波辐射更少，有利于减少能耗并减缓城市热岛效应（Wilmers，1991）。

（2）改善建筑周边环境

建筑外环境的使用与人的感受密切相关，人们经常使用人体舒适度来评价建筑外环境。人体舒适度与人的着衣量、人体活动量、空气温湿度、空气流速以及平均辐射温度有关。在夏季，遮阴强度高的高大乔木可以有效减少太阳辐射，降低建筑物表面及周围下垫面接收的辐射热，减少原有下垫面向外界发出的二次辐射和辐射反射，从而提高建筑外环境中的人体舒适度。而在冬季，落叶乔木不会过多遮挡太阳辐射，使庭院可以接受到太阳辐射，增加温度，而常绿植物又可以作为风屏，降低地表空气流速，提高人体舒适度。

屋顶绿化也可以在一定程度上改善建筑周围的热环境。我国学者研究屋顶绿化的过程中发现，有绿化的屋顶全天有 6 小时的温度高于对照组的空气温度，而硬质水泥屋面上的温度始终高于对照组的空气温度；并且在屋面散热试验中发现，水泥屋面对环境整体具有加温作用；而绿化屋面的加温与降温作用基本平衡，略有冷却效果（唐鸣放等，2000）。此外，我国学者也发现屋顶绿化可以显著提高环境的相对湿度（吴金顺，2007）。

1.2.4.2 绿地对街区尺度建筑外热环境的影响

很多学者在街区尺度上对绿地效益进行了研究，有学者对居住区气温及绿地景观格局研究发现，绿地平均斑块密度越低、平均斑块面积越大，小区室外气温越低。这是因为绿地斑块的密度越小导致平均斑块的面积越大，则绿地的整体性以及连通性都会增强，热流在绿地中的流通性越好，和植物接触就越充分，从而有效降低了气温（李成，2009b）。这类研究多集中于遥感领域，通过遥感数据对各类下垫面信息进行提取从而与建筑室外温度进行比较分析。

街区的空气温度主要受到太阳辐射的影响，接受直接照射的地方，空气温度更高；另外建筑的布局和街道的方向都会影响街区风环境，从而影响街区的局部温度（金建伟，2010）。其次，植被是改善街区热环境的一个有效因子，有学者利用多元回归对街区白天的热岛强度进行分析研究，结果表明该强度受到建筑布局形式、建筑密度和绿地率等因素的影响，热环境最好的街区拥有相对高的乔木覆盖率以及半封闭式的平面布局（Yang et al, 2010）。有学者对半干旱的Colorado的居住区进行了景观种植设计对微环境影响的研究。结果表明，在炎热的夏季，草地温度低于非草地温度；而种植干燥天然草的区域温度高于灌溉草坪，这表明了蒸腾作用对降温增湿具有重要意义（Bonan，2000）；另外，居住区中微气候的差别受制于草坪的布置和建筑密度，稀疏的建筑群可通过风散热，但密集的建筑区域却不能；因此，在半干旱的地区，草坪之外的选择以及建筑密度都会对居住区的热环境产生影响。

由于绿化具有生态及美化环境等作用，我国对居住区中绿地率有特定要求，在《城市居住区规划设计规范（GB 50180）》和《城市居住区热环境设计标准（JGJ 286）》中要求，新区建设中的绿地率不应低于30%；旧区改建不宜低于25%；每100m²的绿地内乔木数量不应少于3株。组团绿地的设置应满足有不少于1/3的绿地面积在标准的建筑日照阴影线范围之外的要求。

总之，绿地对街区热环境的改善作用不仅与街区中的绿地率有密切关系，还与建筑布局形式、建筑密度、下垫面特征等因子有关。目前，对于街区整体绿地率和街区环境温度的研究较多，但是对于街区内小环境的研究还较少。

1.2.4.3 绿地对局地尺度建筑外热环境的影响

在城市尺度上，一定面积的城市绿地也会对周围的建筑区有降温的作用。在对北京奥林匹克森林公园的研究中发现，相对于周边的城市环境，公园区域的温度更低、湿度更大；尤其是在午夜，公园区域的降温增湿强度最大，降温强度最高，达到4.8℃，平均降低温度2.8℃（晏海，2014a）。

绿地的降温效益可以延伸到周围的城市空间中。有学者利用遥感技术对北京24个公园及周边地区的温度进行研究，发现在100m空间分辨率的尺度下，北京市区绿地斑块都对周围建筑区具有降温作用，其范围在100m左右；还发现绿地斑块的周长、面积、形状指数、植被覆盖度对周围建筑物的降温效果没有显著的相关性（栾庆祖等，2014）。

公园在城市中有显著的降温效益，其中的3个主要影响因子是植物遮阴、蒸腾和自然通风。这些绿色空间的有效性取决于它们的密度、形状、大小和位置（Boukhabl et al，2012）。在阿尔及利亚的一个炎热干旱的城市中，棕榈在白天有非常明显的植被冷却效应（cooling effect of vegetation，PCI），最大可降温 10℃。而公园的冷却效应相较于城市热岛效应而言，被称为城市冷岛效应（Shashua-Bar et al，2009）。植被作为城市中占地面积较大的一类下垫面，可以显著降低城市热岛效应（Ca et al，1998；Kardinal Jusuf et al，2007；Tong et al，2005；郭伟等，2008），产生城市冷岛效应。研究发现，不同植物配置模式的下垫面，其环境温湿度差异显著，包括草坪下垫面、乔草结构下垫面、乔灌草结构下垫面、灌草结构下垫面以及硬化地面和密林下垫面（夏繁茂等，2013）。

　　绿地面积会显著影响其降温和增湿范围的大小。有学者对台北 61 个公园的研究发现，大部分公园都对环境有降温增湿的作用（Chang et al，2007）。关于绿地面积与降温效益的关系，在北京，绿地面积在 $1\sim2hm^2$ 时，绿地没有明显的降温增湿作用；当绿地面积在 $3hm^2$ 左右时，有较为明显的降温增湿效果；当绿地面积大于 $5hm^2$ 时，其降温增湿作用极其明显并且影响区域恒定（吴菲等，2007a）。另外，也有国外学者研究发现小型公园也可能会有明显且稳定的降温效果，该小型公园面积在 $0.24hm^2$ 左右（Oliveira et al，2011）。

　　公园对城市环境的降温效应会受到城市环境的影响，包括城市街道走向、道路交通量大小、地块容积率、开发强度指标等。有学者对新加坡的两个公园进行研究，发现它们都有降温增湿的作用，并且会影响周围的建筑外环境，但影响范围受制于周围建筑高度和布局（Yu，2006）。日本学者研究公园对城市建筑外环境的降温效应，发现繁忙的交通或者建筑的高度都会影响公园对周围环境的降温作用（Hamada et al，2013）。但是并非所有公园都有降温作用，有学者在研究台湾公园时发现，在夏季中午，铺装面积高于 50% 且乔灌木覆盖率低的公园气温可能比周围建筑环境的气温还高（Chang et al，2007）。

　　公园内部温度主要受公园内三维绿量、水体面积及硬质地表比例的影响，绿量、水体面积越大，硬质地表与建筑比重越低，公园内冷岛效应越明显（李成，2009b）。公园对其周边热环境具有明显的改善作用（冯悦怡等，2014；栾庆祖等，2014），公园对周边温度的影响范围与公园内部林地、水体的面积呈显著正相关，但是与绿量的相关性不明显，且水体面积对降温范围的影响比林地更为显著；此外，公园内部的绿地斑块的形状越复杂、绿地与硬质地表的布置越分散，对降温范围的影响越广。有学者对石家庄市秋季绿地温湿效应研究发现，有水域分布且达到一定规模（$13hm^2$ 以上）的绿地，其降温增湿效果不会随着绿地面积的增大而改变，水域面积反而成为影响降温增湿效果最大的因素，其次为植被覆盖率，再次是物种分布均匀度（王红娟，2014）。

　　斑块的周长面积比是一个重要的影响景观斑块形状的指标，其值越大则说明斑块形状越为复杂，斑块内外的能量流动和信息交换越容易。有学者研究公园周长面积比与环境温度之间的关系，得出结论：周长面积比越小，环境温度越低；当周长面积比增加时，斑块的形状变得更为复杂，环境温度也更高（孟丹等，2010）。

　　总的来说，城市绿地和建筑立体绿化中的植物通过蒸腾作用能够有效降低空气温度、增加空气湿度。在街区尺度中，街区的环境状况与街区的建筑覆盖率、绿化覆盖率以及地块容积率、绿地斑块平均面积有关。较多的绿地数量和较大的绿地斑块平均面积可以降温增湿，改善街区夏季热舒适度；在小微尺度中，某测点的环境温湿度与该点周围的下垫面组成有密切关系；城市绿地对周围的城市环境具有降温增湿的作用，形成冷岛效应。

1.3 人体舒适度

1.3.1 人体舒适度概念和评价指标

1.3.1.1 人体舒适度概念和应用

人体舒适度是以人类机体与近地大气之间的热交换原理为基础，从气象角度评价人类在不同气候条件下舒适感的一项生物气象指标（郑祚芳等，2012）。室外环境过冷或者过热都不适宜人体的代谢活动，会影响人类的正常工作、生活和人们的身体健康（张志薇等，2014）。为了维持人体的正常温度，人类需要不停地排出人体活动所产生的热量。在静坐时，最舒适的皮肤温度在33~34℃之间，随着活动量的增大，这个温度值会降低。一个成年人静坐时候的热量约为100W，这是由于大部分热量都由皮肤传递到空气中，因此新陈代谢率又可以表示为每平方米的人体皮肤所散发的热量（赖达祎，2012）。

人体与外界的热交换形式包括蒸发和对流辐射；空气温度和风速会改变对流散热量 C，湿度影响蒸发换热量 E，而辐射换热量 R 是由人体与环境之间的长短波辐射量来计算的（Gómez et al，2013；曾玲玲，2008）。在室外，影响人体辐射热的重要因子就是太阳辐射；在高温环境中，太阳辐射增加人体的热量，这时，若空气湿度增加，就会增加人体的热感；反之，在低温环境中，空气湿度增加会改变衣服的潮湿度，从而降低衣服的热阻，增加衣物与人体的传热情况，反而会增加人体冷感受（阎琳，1998）。着衣量在人体热平衡过程中具有重要作用，不仅可以保温还可以阻挡湿度扩散（Macpherson，1962）。常见情况下，衣服的保温特性用服装热阻来表示，单位为 Clo，在夏季，服装热阻一般为 0.5Clo，而在冬季，服装热阻一般在 1.5Clo 到 2.0Clo 之间。

人体舒适度在城市气象服务中具有重要的基础地位，它不仅影响城市居民的各项日常活动，如穿衣、出行、锻炼等（钱妙芬等，1996；王远飞等，1998；张清，1998）；也与人们的健康和疾病密切相关，例如感冒、心梗、中暑等；还会影响商业销售的收益和企业生产效率，例如商品的季节、野外作业和施工的适宜性、交通流量和事故率等（刘梅等，2002；王远飞等，1998；张清，1998）。

热舒适性被定义为"用心理条件来表达对热环境的满意度"。20 世纪 80 年代以来，由于对城市街道和开放空间中人的关注越来越多，室外环境热舒适性的研究逐步增长，出现了大量的基于行人热舒适的研究以解决热环境设计参数问题（Herrmann et al，2012；Taleghani et al，2013；Tseliou et al，2010a；Tseliou et al，2010b）。在室外环境中的热舒适度主要与热生理学相关，所谓热生理学就是人体的生理和热平衡。这一研究领域将城市与景观设计师与生物气象学（更注重行人）和气候学（更加注重气候）相连。生物气象学和气候学二者在研究热舒适指数上都有重要作用，如生理等效温度（PET）（Matzarakis et al，1999）和通用热气候指数。

不同的地区拥有不同的舒适度指标，针对地区气候及人种特点，研究者建立和调整了舒适度指标公式（闫业超等，2013），同时借助模型或实地测量的方法从热平衡角度研究舒适度指标（靳宁等，2009；李秀存等，1999），提出了结合舒适度时空分布以及建筑布局形式及绿地设置情况来辅助城市设计（何介南等，2011；冷寒冰等，2012；晏海等，2012a）。

1.3.1.2 人体舒适度评价指标

各国在人体舒适度方面已开展数十年的研究，1959 年美国国家气象局的 Thorn 提出了不舒适指数(Discomfort Index，DI)，广泛应用于美国夏季的舒适度预报工作中。至今，国际上比较常用的指标有标准有效温度(Standard Effective Temperature，SET)、生理等效温度(Physiological Equivalent Temperature，PET)、热环境综合评价指标(Predicted Mean Vote，PMV)，这些指标均能够在一定程度上反映户外人体舒适度(郑有飞等，2010)。Rayman 软件是基于德国 VDI 开发指南开发的一款软件，通过输入一系列环境指标，Rayman 软件可以计算出相应的 PMV、PET 以及 SET 指标(Matzarakis et al，2010)。目前在室外环境测评中用的比较多的是 PET 模式(A，2010；Gómez et al，2013)，但 PET 本身是比较适用于西欧的人体舒适度指标。不舒适度指数(DI)是利用干球温度和湿球温度的组合来得到夏季人体在湿热气候下的不舒适程度。

北京在舒适度预报中使用的舒适度计算公式来自于北京市气象局在 1997 年发布的人体舒适度指数预报模型(刘梅等，2002；夏立新，2000)。该模型以风温湿 3 个指标作为基础计算人体舒适度。

标准有效温度(SET)是学者 Gagge 在提出有效温度(ET)之后又加入对不同活动水平和衣服阻热的计算而产生的标准(Gagge et al，1972)，它使 ET 的理论使用范围增加。SET 的理论基础是考虑人体温度调整过程中最容易的模型——两点模型来设置的；SET 与 ET 的差异在于 ET 更多的考虑人们的主观感受而 SET 在加入传热模型后是一个更加理性的结果(闫业超等，2013)。

热环境综合评价指标(PMV)是美国学者 Fanger 根据 1396 名来自丹麦和美国的受试者对热感觉进行投票的结果，通过回归方程提出了这个拥有评价热感受的指标(O，1970)；它可以反映出大部分人对同样的环境的冷热感觉(闫业超等，2013)。

生理等效温度(PET)是在慕尼黑人体热量平衡模型(ME—MI：Munich Energy Balance Model for Individuals)基础之上推导出的热指标(Gómez et al，2013)；定义为在一定环境中的生理平衡温度，它的值是人在特定室内环境中达到室外同样的热感受时对应的气温(郑有飞等，2007)。MEMI 模型具有较高的实践基础，它的皮肤温度不是假定的温度，而是通过模型计算出来的，而出汗率是体内温度和皮肤温度之间的函数；该模型可以运算出特定环境状况下真实的人体温度和热量流(闫业超等，2013)。

1.3.2 与人体舒适度相关的主要气候要素

1.3.2.1 空气温度

气温是人体冷热感觉的晴雨表。它与太阳辐射照度密切相关，也受气流状态、地形等因素的影响。舒适的温度范围为 17~28℃（表 1-2）。

表 1-2 人的舒适感与气温的关系

气温变化范围	人的感觉	气温变化范围	人的感觉
<17℃	凉或冷甚至寒冷	>35℃	炎热、闷热
17~28℃	舒适	>38℃	酷热
28~35℃	偏热或热		

1.3.2.2 大气湿度

湿度主要取决于气温和气压，它会影响人体皮肤表面的水分蒸发及排汗过程。相对湿度以 30%~70%为宜。

1.3.2.3 风

风速对人体体温调节起重要作用，它影响人体对流散热和空气蒸发从而决定了人的舒适程度。研究发现，风速在 1.0~5.0m/s(相当于 1~3 级风)之间，人通常会感到舒适。风速为 0~0.2m/s 时为零级风，即无风或者静风。当风速>5m/s，人体的舒适程度开始受到影响，而且随着风力的增加这种不舒适的感觉逐渐加强，直到可能对人们活动和建、构筑物产生危险的风灾(表 1-3)。

表 1-3　人的舒适度与风速之间的关系［依据王文超，王旭光（2012）改编］

风速变化范围(m/s)	风级	人的感觉
<1.0	0~1 级	感觉不到风
1.0~5.0	1~3 级	舒适
5.0~10.0	4~5 级	不舒适，行动受影响
10.0~15.0	6~7 级	很不舒适，行动受严重影响
15.0~20.0	7~8 级	不能忍受
>20.0	9 级以上	危险

1.3.2.4 要素组合

三者相互影响，紧密联系。湿度对舒适度的影响与气温及风速关系密切，当气温、风速较舒适时，湿度的影响并不明显，而随着温度的升高，湿度的影响则会逐渐显现。另外，通风有助于降温、减湿，当相对湿度为 50%时，0.5m/s 的微风相当于降温 3℃。

1.3.3　绿地对人体舒适度的影响

1.3.3.1　树种对人体舒适度的影响

不同树种的降温增湿作用不尽相同，因此在树下测得的不舒适度也有所差异。晏海对北京市 8 种植物群落进行研究，比较不同植物群落对人体舒适度的影响，结果表明试验中的 8 种植物与对照点相比，均能一定程度的降低不舒适指数，但差异不显著(晏海等，2012b)。有学者对 54 种园林植物的降温增湿效果进行研究对比，最后给出降温增湿效果较好的乔木 14 种，灌木 5 种，草本及地被植被 5 种(吴菲等，2012)。还有学者研究郁闭度较高的白兰树和细叶榕树在空气温度 30℃时的降温增湿效应，发现每平方米绿化覆盖面积可以对 10m 厚的大气层降温 1.9℃增湿 3.3%；对 100m 厚的大气层降温 1.3℃增湿 2.4%(杨士弘，1994)。

在实际环境中，人的舒适感受到很多主观及客观因素的影响，冷寒冰对植物属性及人体舒适度和满意度的关系进行研究，结果发现植物色彩丰富、数量多会更受人们青睐；受试者对花草园有较高程度的喜爱，并且发现植物的颜色也是影响人体舒适性和满意程度的最为主要的因子(冷寒冰等，2012)。

1.3.3.2　下垫面对人体舒适度的影响

不同的下垫面对周围环境有不同影响，从而也会影响热环境中的人体舒适度。有学者对不同配置的植物群落的舒适度进行研究，结果表明植物群落在清晨和傍晚的舒适度较高，中午部分群落表现为不舒适(苑征，2011)。有北京的学者对万芳亭公园中 3 种不同的下垫面对热环境的影响效应进行了定量化的研究，并利用人体舒适度作为其中一项评价指标；3 种下垫面分别是林下广场、无林广场和草坪；结果表明，林下广场对热环境的调节作用最好，人体舒适度最佳（吴菲等，2007a）。东北农业大学的学者研究 8 月的哈尔滨市郊不同下垫面对于人体舒适度的影响，该试验选取的 3 个影响因子分别是太阳辐射、气温、空气相对湿度；结果表明舒适性为林地大于草地大于旷地，舒适时间的长度为：林地（11h）大于草地（2h）大于旷地（1h）（玄明君等，2011）。

水体作为一种常见的下垫面类型，被很多学者研究过其与人体舒适度的关系。有学者从人体舒适度角度研究了城市小型景观水体对周边环境产生的影响，并通过对水体、乔木遮阴、矮生灌木以及草坪对人体舒适度的改善作用，结果指出水体对周边滨水环境兼有降温、增湿作用（徐竟成等，2007）。杨凯等人对上海中心区不同类别的 6 处河流及水体进行研究，监测其周边环境的温湿度，结果表明公园下风向处的空气温度更低、湿度更大（杨凯等，2004）。

1.3.3.3 绿地冠层结构对人体舒适度的影响

绿地冠层结构由于其具有不同的总冠幅盖度、总密度、群落重要值以及郁闭度等特点，其对环境温湿度具有一定的调节作用，从而影响群落中的人体舒适度。有学者研究了南宁市植物群落结构特征与局地热环境的关系并得出结论，在林荫地，温度随着植物群落的总冠幅盖度、总密度、群落重要值的增加而降低，它们之间呈显著负相关的关系；植物群落总平均株高与遮光效应和挡风效应值均呈显著正相关（黄良美等，2008）。另外，总冠幅盖度随着降温效应值的增加而极显著地减少；同时，总密度随着降温效应值的增加而增加；尤其是群落重要值与降温效应、增湿效应、挡风率、遮光效益等效应值均呈极显著的正相关关系（林荫，2014；黄良美等，2008）。还有学者利用温湿度指数对 3 种不同林型的城市森林的人体舒适度进行评价，结果表明，在夏季白天，3 种林型均有不同程度的降温增湿作用，但其中白桦林的作用最大，降温率最高，舒适度较好（汪永英等，2012）。林莹对重庆市居住区的群落与人体舒适度进行研究，发现居住区绿地中的植物群落有利于增加人体的舒适感，其中郁闭度大的群落可以更多地增加人体的舒适感（林莹，2010）。

1.3.3.4 绿地面积及时空分布特征对人体舒适度的影响

有学者将人体舒适度结合绿地面积或者时空分布特征来研究，王德平研究发现，当绿地面积增加到一定数值时，面积再增大，也不会影响舒适度指标，也就是说影响范围基本一定，不再改变（王德平等，2010）。张立杰研究发现，人体舒适度在时空分布上具有一定特征，它与地貌形态和地理要素均密切相关。不同的地貌特征影响了近地面的温湿度及风速，总体来看不论在冬季还是夏季，植被覆盖率高的地区舒适度更好，沿海的舒适性大于内陆地区，而风速具有决定性作用；另外，与人体舒适度相关的地理要素主要有路网密度、海拔高度、人口密度等，建成区及人口密集的区域在夏季更易出现热不舒适的现象（张立杰等，2013）。

2 绿地对建筑外热环境及人体舒适度的影响

2.1 微尺度下绿地对建筑外热环境及人体舒适度的影响

2.1.1 研究区概况

样地位于北京市昌平区中关村生命科技园中的北大医疗产业园区（Peking University Healthcare Industrial Park，简称 PUHIP）内，占地 9.5hm²。园区内的建筑于 2014 年 9 月落成，自 2015 年 4 月起陆续栽植各类植物，并于 2015 年 6 月正式完工。

样地处于属暖温带半湿润大陆性季风气候，夏季高温多雨，冬季寒冷干燥。年平均气温 12.3℃，1 月最冷，月平均气温 -3.7℃；7 月最热，月平均气温 26.2℃。年均降水量为 571.9mm，雨量集中在夏季，其中 6~8 月的降雨量占年总降雨量的 74%（北京 1971—2000 年气候标准值）。

2.1.2 研究方法

2.1.2.1 样地及样点的选择

根据网格法在园区内均匀布点，网格间距 30m，并依据建筑空间、下垫面类型以及风环境状况对测点进行微调，使各个类型的测点均不少于 3 个，共选择测点 22 个，分别是测点 1~22，测点布置方式见图 2-1。

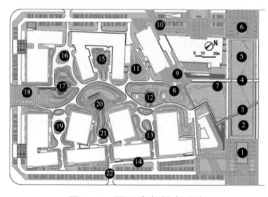

图 2-1 园区内部样点分布　　　　　　图 2-2 园区外部样点分布（来源于百度地图）

为排除季节因子及植被因子的改变对测试区域内热环境特征的影响，设置 3 组对照组进行比较，其中测点 cka~ckg 为园区外侧的对照组，测点 ckI~ckK 为邻近建筑区中的对照组，测点 ckA~ckH 为公园内的对照组。有研究表明，城市公园对周边环境有一定程度的降温增湿效应。其中，日本学者研究发现，面积为 600hm² 的城市公园在正午时刻可以使下风向距公园 1km 处的商业区内的气温降低 1.5℃ 左右（Ca et al，1998）。有墨西哥的学者发现，500hm^2 的公园的降温效应可达到距公园 2km 外的城市空间中（Jauregui et al，1991）。本试验中，在北大医疗产业园区的东南部有一小型公园，考虑到该公园可能对北大医疗产业园区内部的热环境产生影响，所以选择测点 ckA~ckH 位于公园中，成为公园内的对照组。测点布置方式见图 2-2，所有的样点信息见表 2-1。

表 2-1　各样点环境信息一览表

	位置	下垫面状况	竣工后测点是否有乔木	描述		位置	下垫面状况	竣工后测点是否有乔木	描述
1	园区内	草坪	有	园区右侧	21	园区内	道路	无	建筑南侧
2	园区内	草坪	无	园区右侧	22	园区内	道路	有	建筑南侧
3	园区内	道路	无	园区右侧	cka	园区外	道路	无	园区外
4	园区内	场地	无	园区右侧	ckb	园区外	草坪	有	园区外
5	园区内	草坪	无	园区右侧	ckc	园区外	道路	无	园区外
6	园区内	草坪	无	园区右侧	ckd	园区外	道路	无	园区外
7	园区内	草坪	无	园区中间	cke	园区外	道路	无	园区外
8	园区内	草坪	有	园区中间	ckf	园区外	道路	无	园区外
9	园区内	场地	无	建筑北侧	ckg	园区外	道路	无	园区外
10	园区内	场地	无	建筑南侧	ckA	公园内	道路	无	公园内的建筑区内
11	园区内	草坪	有	建筑南侧	ckB	公园内	草坪	有	公园内的建筑区内
12	园区内	场地	有	园区中间	ckC	公园内	道路	无	公园内的建筑区内
13	园区内	草坪	有	建筑北侧	ckD	公园内	草坪	有	公园内
14	园区内	场地	无	建筑南侧	ckE	公园内	草坪	有	公园内
15	园区内	草坪	有	建筑南侧	ckF	公园内	场地	无	湖边
16	园区内	场地	无	园区中间	ckG	公园内	草坪	有	湖边
17	园区内	场地	无	园区中间	ckH	公园内	场地	无	湖边
18	园区内	草坪	有	建筑北侧	ckI	园区外	草坪	有	园区外的建筑区内
19	园区内	场地	无	园区中间	ckJ	园区外	草坪	有	园区外的建筑区内
20	园区内	道路	无	建筑北侧	ckK	园区外	道路	无	园区外的建筑区内

2.1.2.2　测量方法

（1）热环境因子的测量

本试验使用双程路线移动观测法对各测点温度、湿度、风速进行观测，使用仪器 TES-1341 风速风量仪 3 台，将温度传感器利用辐射罩包裹，将两个仪器固定在推车上，距离地表 1.5m。使用 HOLUX M-241A GPS 进行行程轨迹的同步测定，包括经纬度和时间等信息。为了减少日变化、时间差等对热环境的影响，测量时需 3 组分别从 3 个地点开始同步进行，并往返测量；后将往返测量的数据进行算数平均后代表当日观测数值（晏海，2014b）。风向数据通过北京市气象局布置在昌平区的自动气象站的观测数据得到。

试验于 2014 年 10 月、2015 年 2 月、2015 年 4 月、2015 年 7 月、2015 年 10 月，每月进行连续 3 天的测量。每个观测日选择午后（13：00~15：00）的高温时段进行观测，观测日均为微风、无霾的晴朗天气。

（2）环境信息的测量与计算

根据相关研究发现，测点的温湿度受到周围公园及水体的影响。从 Google Earth 的航拍图（图 2-2）可以发现，研究区域南部有一面积为 8.12hm² 的小型水体公园，其中水体位于公园中间，面积 2.42hm²。在平面图中对测点到公园中心的距离进行测量，作为距离因子。

（3）人体舒适度的计算

根据地域性的不同，人体舒适度的计算方式有很大差别。在评价户外人体舒适度的时候，常用到 Thom 提出的不舒适指数（Discomfort Index，DI）作为评价标准，这种舒适度指数用起来最为方便快捷，因为它的变量较少，只有空气温度和空气相对湿度两个。其公式为：

$$DI = T_{air} - 0.55(1 - 0.01Rh)(T_{air} - 14.5)$$

式中，T_{air} 为空气温度（℃），Rh 为空气相对湿度（%）。不舒适指数是描述气温和湿度对人体综合影响的指标，它表示在特定温湿环境下人对热环境的舒适感受。一般在夏季，DI 值越大，人体感觉越不舒适。表 2-2 为不舒适度指数的等级划分标准（Georgi and Zafiriadis，2006）。

表 2-2　不舒适度指数与感觉程度

等级	不舒适指数	感觉程度	等级	不舒适指数	感觉程度
1	<21.0	没有人感觉不舒适	4	27.0~28.9	绝大多数人感觉不舒适
2	21.0~23.9	小部分人感觉不舒适	5	29.0~31.9	几乎所有人感觉不舒适
3	24.0~26.9	大部分人感觉不舒适	6	>32.0	有中暑危险

（4）绿量的计算

以叶面积为主要标志的绿量，是决定园林绿地生态效益大小的最具实质性的因素。本试验中估算了各个种植阶段的绿量指标，用于分析种植对园区内热环境特征的影响。本研究对园林中常用的 15 种乔木、17 种灌木以及 1 种草本（草地早熟禾）进行平均绿量的计算，计算公式来自陈自新等（陈自新等，1998）。

$$S = S_z + S_k + S_g + S_c$$

式中，S 为总绿量，S_z 为常绿针叶树的绿量，S_k 为阔叶落叶树绿量，S_g 为灌木绿量，S_c 为草坪绿量。

2.1.2.3　数据处理与分析

（1）数据处理

在研究园区绿地对园区内部热环境的影响时，使用了测试组及对照组（晏海等，2012b；亚布拉罕森等，1988），以排除其他环境因子对试验的影响，公式如下：

降温率：　　　　　　　$dT\% = (T_{sun} - T_{sh})/T_{sun} \times 100\%$

式中，T_{sun} 为对照点空气温度；T_{sh} 为群落内的空气温度。

增湿率：　　　　　　　$dRh\% = (R_{hsh} - R_{hsun})/R_{hsun} \times 100\%$

式中，R_{hsun} 为对照点空气相对湿度；R_{hsh} 为群落内的空气相对湿度。

降风率：　　　　　　　$dW\% = (W_{sun} - W_{sh})/W_{sun} \times 100\%$

式中，W_{sun} 为对照点风速；W_{sh} 为群落内的风速。

（2）数据分析

利用 SPSS 进行单因素方差分析，验证组间差异性；然后利用相关性分析，探究公园对园区内外各测点热环境特征的影响；使用一元回归分析探索公园距离与热环境特征之间的相关关系。

2.1.3 结果与分析

2.1.3.1 建筑空间及外环境对北大医疗产业园区热环境特征的影响

影响环境微气候特征的因子有很多种,讨论植被对建筑外热环境特征的影响之前,需要首先了解建筑自身对热环境特征的影响。本试验选择的测量日在2014年11月到2015年10月之间,具体测量日信息见表2-3。

表2-3 北京地区测量日高温时段基本天气状况

	2014.11	2015.02	2015.04	2015.07	2015.10
空气温度(℃)	15	5	17	32	20
空气相对湿度(%)	25	15	39	48	32
风速(m/s)	2.0	2	3	3	2
风向	偏南风	偏南风	西南风	偏北风	偏南风

(1)建筑空间对园区内热环境的影响

本试验中将建筑空间分为3种模式,包括建筑南侧空间、建筑北侧空间和建筑中间空间。若测点在建筑南侧10m范围内则属于建筑南侧空间,若接近建筑北侧10m范围内则属于建筑北侧空间,若在南北两侧中间则属于建筑中间。根据试验测点的环境信息,本试验选择建筑南侧测点3个,分别为测点11、15、16;位于建筑北侧测点3个,分别为13、19、21点;位于建筑中间测点3个,分别为12、16、17,具体信息见表2-1,测点位置见图2-2。

从图2-3中可看出,季节间温度差异明显,测量中夏季(AP)平均空气温度可达33.4℃,冬季(AP)最冷,空气平均温度在7.3℃左右,而春秋温度适中,秋季(BP)测试点空气平均气温为15.8℃,春季(AP)平均空气温度17.6℃,秋季(AP)平均空气温度为19.9℃。利用SPSS软件对各个季节中不同建筑空间的空气温度进行组间差异性分析。结果发现,在秋季(BP)各建筑空间的空气温度差异不显著,其中南侧平均空气温度16.5℃,北侧14.9℃,中间16.1℃;冬季(AP)各建筑空间的空气温度差异显著,其中南侧平均空气温度最高为9.9℃,北侧平均空气温度最低为5.9℃,中间为6.2℃;春季(AP)各建筑空间的空气温度差异显著,北侧平均空气温度最低为16.3℃,南侧平均空气温度最高为18.4℃,中间为18.2℃;夏季(AP)组间空气平均温度差异显著,中间空气温度最高为34.5℃,北侧最低为32.3℃,南侧33.3℃;秋季(AP)各建筑空间空气温度差异显著,其中北侧平均空气温度最低为19.1℃,中间最高为20.3℃,南侧为20.1℃。

通过上述结果可发现秋季(BP)空气温度为建筑南侧>建筑中间>建筑北侧,最大温差为1.6℃;冬季(AP)空气温度为建筑南侧>建筑中间>建筑北侧,最大温差为4.0℃;春季(AP)空气温度为建筑南侧>建筑中间>建筑北侧,最大温差为3.1℃;夏季(AP)空气温度为建筑中间>建筑南侧>建筑北侧,最大温差为2.2℃;秋季(AP)空气温度为建筑中间>建筑南侧>建筑北侧,最大温差为1.2℃。建筑南侧的温度始终大于建筑北侧的空气温度,这是由于高温时段,阳光从南方直射,而建筑本身可以遮挡部分太阳直射光,因此建筑北侧的气温相对较低。

从图2-4中可看出,季节间空气相对湿度差异明显,测量中夏季(AP)平均空气平均相对湿度可达47%,冬季(AP)空气平均相对湿度在12.9%左右,而春秋温度适中,秋季(BP)测点的空气平均相对湿度为27.6%,春季(AP)空气平均相对湿度34.3%,秋季(AP)空气平均相对湿度为32.5%。利用SPSS软件对各个季节中不同建筑空间的空气相对湿度进行组间差异性分析。结果发现，在秋季(BP)各建筑空间的空气相对湿度差异显著，其中南侧平均空气相对湿度最低为26.5%，北侧28.7%，中间27.7%；冬季(BP)各建筑空间的空气相对湿度差异不显著，其中中间平均空气相对湿度最高为13.4%，北侧平均空气相对湿度最低为12.1%，南侧为13.2%；春季(AP)北侧平均空气相对湿度最高为35.1%，南侧平均空气相对湿度为33.8%，中间为33.9%；夏季(AP)北侧空气相对湿度最高为48.8%，南侧最低为46.3%，中间为46.1%；秋季(AP)北侧平均空气相对湿度最高为33.7%，中间为32.6%，南侧为31.3%。

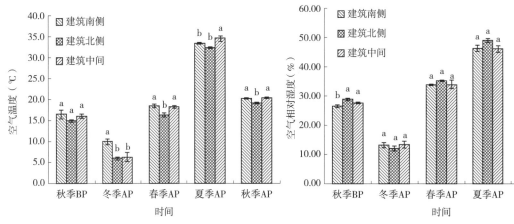

图2-3　各时间点不同建筑空间中的空气温度
注：BP(before planting)表示种植植被前的时间，AP(after planting)表示种植植被后的时间。字母表示相同季节中不同建筑空间的多重比较(Duncan 显著差异法，不同字母表示差异显著，p<0.05)

图2-4　各时间点不同建筑空间中的空气相对湿度
注：BP(before planting)表示种植植被前的时间，AP(after planting)表示种植植被后的时间。字母表示相同季节中不同建筑空间的多重比较(Duncan 显著差异法，不同字母表示差异显著，p<0.05)

园区内夏季(AP)湿度表现为北侧>南侧>中间，最大湿度差为2.7%。春季(AP)和秋季(AP)表现为建筑北侧>建筑中间>建筑南侧，最大湿度差春季(AP)为1.2%，秋季(AP)为2.4%。而冬季(AP)空气相对湿度表现为中间>南侧>北侧，最大湿度差为1.3%。利用单因素分析法对不同建筑空间中湿度的分析表明，组间差异性只有秋季(BP)显著。这可能是由外部环境影响所致，因为建筑北侧的点与公园中水体的距离更近，因此会受到相应影响。而其他季节组间差异性不显著，这说明建筑空间与空气相对湿度没有明显的联系。

通过对不同建筑空间之间的风速比较可以发现，不同建筑空间的风速差异显著。春季(AP)测量日的平均风速最大为1.9m/s，秋季(BP)测量日的平均风速最小为0.2m/s，冬季(AP)的平均风速为0.4m/s，夏季(AP)的平均风速为0.7m/s，秋季(AP)的平均风速为0.9m/s。利用SPSS软件对各个季节中不同建筑空间的风速进行组间差异性分析。结果发现，春季(AP)及秋季(AP)不同建筑空间的风速差异显著。其中春季(AP)建筑中间风速最大为3.0m/s，北侧风速次之为2.4m/s，建筑南侧风速最小为0.5m/s；秋季(AP)中建筑北侧风速最大为2.0m/s，其次是建筑中间风速为0.7m/s，建筑南侧风速最小为0.1m/s。其余3个季节不同建筑空间的风速无显著差异，但仍有明显区别。秋季(BP)建筑南侧风速最大为0.3m/s，建筑北侧风速为0.2m/s，建筑中间风速最低为0.1m/s；冬季(AP)建筑北侧风速最大为0.8m/s，建筑南侧与中间均为0.3m/s；夏季(AP)建筑北侧风速最大为1.0m/s，其次为建筑南侧风速0.8m/s，建筑中间风速最小为0.2m/s。

秋季(BP)南侧>北侧>中间，最大风差0.2m/s；夏季(AP)、冬季(AP)风速表现为北侧>南侧>中间，最大风差夏季为 0.7m/s，冬季为 0.5m/s；秋季（AP）风速表现为北侧>中间>南侧，最大风差 1.9m/s；春季（AP）风速表现为中间>北侧>南侧，最大风差 2.5m/s。虽然风速与建筑结构之间没有特定的规律。但总的来说，园区内的风速与当日的风向有非常明显的关系。当测量日风向为偏南风时，建筑北侧的风速会明显增加，而当测量日风向为偏西风时，建筑中间的风速会明显增加（风向信息见表 2-3）。由于风因子复杂多变，造成测量误差较大，因此对风因子的解释还需更进一步的研究。

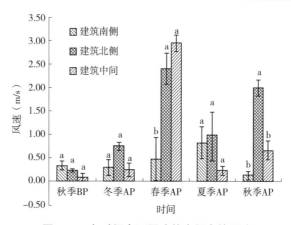

图 2-5　各时间点不同建筑空间中的风速

注：BP（before planting）表示种植植被前的时间，AP（after planting）表示种植植被后的时间。字母表示相同季节中不同建筑空间的多重比较（Duncan 显著差异法，不同字母表示差异显著，p<0.05）

（2）邻近公园对园区内热环境的影响

为了探索植被对园区内热环境的影响，除了解园区内建筑对气候的影响外，还应了解园区周边环境的影响特征。

将测点到公园距离与测点的温度及湿度数值进行相关性分析。从图 2-6 可看出，在秋季，测点空气温度与到公园的距离呈显著正相关关系（$R^2 = 0.38$），距离公园越远，空气温度越高；而测点空气相对湿度与到公园的距离呈显著负相关关系（$R^2 = 0.58$），距离公园越远，空气相对湿度越低。

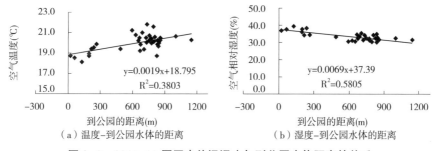

图 2-6　2015.10 园区内外温湿度与到公园水体距离的关系

可见，园区内各点的温度与湿度不仅受到园区建筑的影响，也可能受到园区外公园的影响。先用园区外的测点与距离进行回归分析（图 2-7cd），可发现温度（$R^2 = 0.64$）与湿度（$R^2 = 0.66$）都与距离呈显著相关性。但实际上园区内下垫面复杂多变，使热环境中的温湿度波动增大，当我们用园区内的点与距离进行相关性分析时会发现，并没有明显的相关性（图 2-7ab），这说明在一定的距离段内（园区距公园最近的点为 627m，而最远的点距公园 857m），尤其是下垫面复杂的场地，公园对其影响相对较小。因此，在较小的距离段内可忽略公园对其热环境的影响。

（3）公园对园区内热环境影响的时空特征

以上是以秋季为例进行的说明。研究发现不同季节，有水体的公园在下午 14：00 对周围环境温湿度的影响规律也有不同。首先将园区外所有测点与距离进行回归分析，发现其在不同季节表现出不同的特征。如图 2-8，在秋季和夏季，公园均表现出降温效益，其中秋季

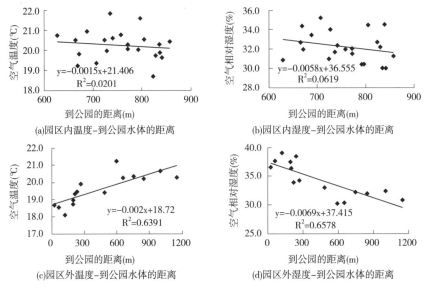

图2-7 2015.10园区内外温湿度与到公园水体距离的关系

（$R^2=0.639$）的散点图拟合方程最好，说明其降温效益最为明显，影响范围较大。夏季虽然表现出一定的增温作用，但其相关性在1200m范围内不显著。冬季和春季，距离与温度呈现显著的负相关关系。也就是说，在冬季和春季，公园的温度更高，呈现一定的保温作用，其中冬季回归系数为0.239，而春季仅为0.138。

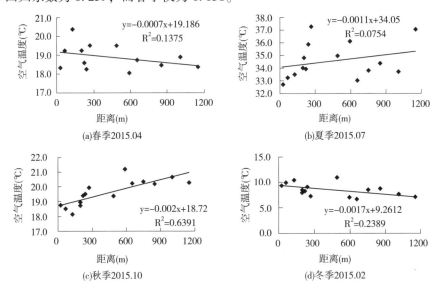

图2-8 园区外温度-距离（1200m）

将公园内外各测点温度及湿度进行平均值计算，然后相减得到各季节公园的降温增湿强度，其中：春季增温强度为2℃，降湿强度为1.4%；夏季降温强度为0.3℃，增湿强度为2.1%；秋季降温强度为0.7℃，增湿强度5.2%；冬季增温强度为0.7℃，降湿强度为0.5%。

对不同季节，园区外部的测点到水体的距离与空气相对舒适度进行相关性和回归分析，如图2-9所示。在夏季和秋季，距离与空气相对湿度都呈极显著的负相关关系，而春季和秋季呈正相关关系。也就是说在夏秋季节，随着距离的增加，空气相对湿度逐渐减小，而冬

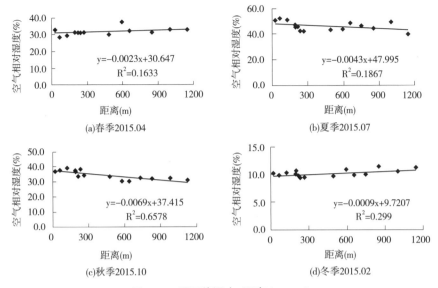

图 2-9　园区外湿度-距离（1200m）

春则有增加的趋势。另外，对回归方程的拟合程度进行比较，发现秋季（$R^2 = 0.658$）拟合程度最好，其他季节拟合程度一般，冬季为 0.299，夏季为 0.187，而春季仅为 0.163。

　　然后对 300m 范围的公园内测点进行回归分析，得到图 2-10 所示结论。夏季和秋季呈极显著的正相关关系，也就是说在夏季和秋季，测点温度随到公园距离的增加而增加。其中夏季拟合程度最好，$R^2 = 0.702$，其次是秋季，$R^2 = 0.574$。春季在近水体的 300m 范围内，温度与距离不呈线性回归。而冬季呈显著的负相关关系，回归系数为 0.52。

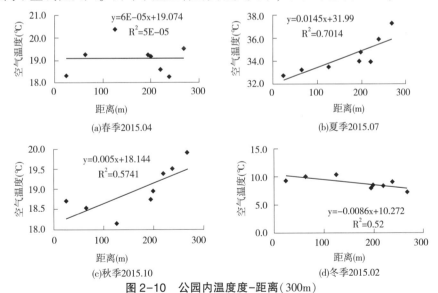

图 2-10　公园内温度度-距离（300m）

　　湿度的分布则与温度呈现相反的趋势，在夏季、秋季和冬季，湿度随着到公园距离的增加而显著降低。如图 2-11 所示，其中夏季（$R^2 = 0.856$）和秋季（$R^2 = 0.148$）呈负相关关系，而冬季（$R^2 = 0.208$）和春季（$R^2 = 0.054$）呈正相关关系。其中在 1200m 的范围内秋季表现出最好的相关性，而夏季在 300m 范围内表现出最好的相关性。

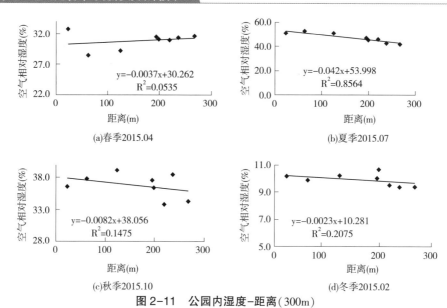

图 2-11　公园内湿度-距离（300m）

2.1.3.2　建筑空间及外环境对北大医疗产业园区人体舒适度的影响

（1）建筑空间对园区内不舒适度指数的影响

从图 2-12 中可看出，季节间不舒适度指数差异明显，夏季（AP）天气最热，平均不舒适度指数为 27.8；冬季（AP）最冷，平均不舒适度指数为 11.0；而春秋温度适中，秋季（BP）不舒适度指数为 15.3；春季（AP）不舒适度指数为 16.5；秋季（AP）不舒适度指数为 17.9。利用 SPSS 软件对各个季节中不同建筑空间的不舒适度指数进行组间差异性分析。结果发现，秋季（BP）各建筑空间内的不舒适度指数差异不显著，其中建筑北侧最低为 14.7，南侧为 15.7，中间为 15.4；冬季（AP）各组间不舒适度指数差异显著，北侧最低为 10.1，南侧为 12.1，中间为 10.7；春季（AP）组间不舒适度指数有显著差异，其中建筑北侧最低为 15.7，建筑南侧及中间的不舒适度指数分别为 17.0 和 16.8；夏季（AP）组间不舒适度指数有显著差异，其中建筑中间不舒适度指数最高为 28.5，建筑南侧及北侧不舒适度指数为 27.6 和 27.3；秋季（AP）组间不舒适度指数差异显著，建筑北侧不舒适度指数最低为 17.4，建筑南侧及中间的不舒适度指数分别为 18.0 和 18.2。

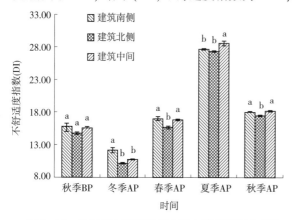

图 2-12　各时间点不同建筑空间中的不舒适度指数

注：BP（before planting）表示种植植被前的时间，AP（after planting）表示种植植被后的时间。字母表示相同季节中不同建筑空间的多重比较（Duncan 显著差异法，不同字母表示差异显著，p<0.05）

通过对结果的分析及观察，可发现冬季（AP）春季（AP）秋季（AP）DI 表现为南侧>中间>北侧，冬季最大 DI 差为 2.0，春季最大 DI 差为 1.3，秋季最大 DI 差为 0.8；夏季（AP）DI 表现为中间>南侧>北侧，最大 DI 差为 1.2。其中在春秋冬季（AP）均为建筑南侧显著高于建筑北侧，而夏季为建筑中间高于建筑北侧和建筑南侧。这可能是由于乔木的增加及生长影响了北大医疗产业园区内的温度分布，从而导致夏季舒适度分布与其他季节不同。由于 DI 指标为测定热不舒适度指标，因此它更适用于夏季。本试验中 DI 在夏季全部位于"绝大多数人感觉不舒适"区间内，但其他季节仍可反映出不舒适度指数的相对大小关系。

（2）邻近公园对园区内舒适度的影响

在秋季，高温时段的大气温度为20℃的情况下，园区及周围环境表现出距离公园越远，其不舒适度指数越高的特点。而园区内部的测点与到公园距离并无显著相关性，园区外测点与到公园距离呈现显著正相关关系，从图 2-13 中可看出，一元回归方程如下：

$$DI = 0.0011D + 17.27$$

式中，DI 为不舒适度指数，D 为到公园距离，17.27 为常数（$R^2 = 0.60$，$p < 0.01$）。每增加500m，不舒适度指数增加0.55。

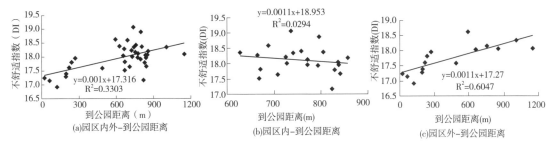

图 2-13　舒适度与到公园距离的关系

2.1.3.3　绿地对北大医疗产业园区热环境特征的影响

（1）下垫面对园区内热环境特征的影响

在园区内选择下垫面不同的测点各 3 个，下垫面类别包括：草坪（2、5、8）、乔木（1、7、18）以及铺装场地（16、17、19）。本试验中的下垫面是由夏季定植后的下垫面确定的。如图 2-14 所示，季节间温度差异明显，测量中夏季（AP）平均空气温度可达 33.4℃；冬季（AP）最冷，空气平均温度在 6.3℃；春秋温度适中，秋季（BP）测试点空气平均气温为 16.4℃，春季（AP）平均空气温度 17.5℃，秋季（AP）平均空气温度为 20.7℃。利用 SPSS 软件对各个季节中不同下垫面的空气温度进行组间差异性分析。结果发现，秋季（BP）不同下垫面间温度差异不显著，其中草坪温度最高达 17.1℃，乔木及铺装场地下垫面温度分别是 16.2℃ 和 16.0℃；冬季（BP）各下垫面间差异显著，其中草坪温度最低为 5.3℃，铺装场地温度最高为 7.5℃，乔木下垫面温度居中为 6.0℃；春季（AP）各组间温度平均值差异显著，其中乔木下垫面空气温度最低为 16.2℃，草坪和场地上的平均空气温度分别是 18.0℃ 以及 18.5℃；夏季（AP）各组间平均空气温度差异显著，其中乔木下垫面空气温度最低为 32.6℃，铺装场地下垫面空气温度最高为 34.1℃，草坪中空气温度为 33.4℃；秋季（AP）中各组间平均空气温度差异不显著，其中铺装场地温度最高为 21.1℃，草坪空气温度为 20.7℃，乔木下垫面空气温度为 20.2℃。

通过上述结果可发现春季（AP）、夏季（AP）、秋季（AP）的空气温度均表现为铺装场地温度＞草坪温度＞乔木温度，春季（AP）中最大温差为 2.3℃，夏季（AP）最大温差 1.5℃，秋季（AP）最大温差为 0.9℃；秋季（BP）时场地内并未种植植物，各组间温度差异不显著；冬季（BP）园区内种植草坪而未种植乔木，因此在 2 月草坪的温度最低，不同下垫面温度表现为草坪温度＞乔木温度＞场地温度，最大温差为 2.2℃。

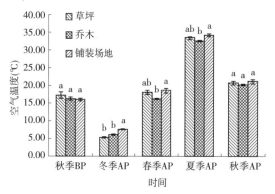

图 2-14　不同下垫面各季节中平均空气温度

注：BP（before planting）表示种植植被前的时间，AP（after planting）表示种植植被后的时间。字母表示相同季节中不同建筑空间的多重比较（Duncan 显著差异法，不同字母表示差异显著，p<0.05）

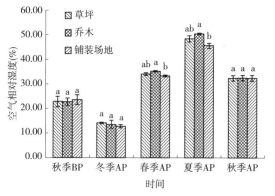

图 2-15　不同下垫面各季节中平均空气相对湿度

注：BP（before planting）表示种植植被前的时间，AP（after planting）表示种植植被后的时间。字母表示相同季节中不同建筑空间的多重比较（Duncan 显著差异法，不同字母表示差异显著，p<0.05）

如图 2-15 所示，季节间空气相对湿度差异明显，测量中夏季（AP）平均空气相对湿度最高，可达 48.0%；冬季（AP）平均空气相对湿度最小为 13.3%；春秋温度适中，秋季（BP）测试点平均空气相对湿度为 23.0%，春季（AP）平均空气相对湿度 34.2%，秋季（AP）平均空气相对湿度为 32.4%。利用 SPSS 软件对各个季节中不同下垫面的空气温度进行组间差异性分析。结果发现，秋季（BP）各组间湿度差异性不显著，其中铺装场地平均空气相对湿度为 23.5%，草坪平均空气相对湿度为 22.7%，乔木下垫面平均空气相对湿度为 22.7%；冬季（AP）各组间湿度差异性也不显著，其中草坪、乔木、铺装场地下垫面平均空气相对湿度分别为 13.9%、13.5%、12.6%；春季（AP）各组间空气相对湿度差异性显著，其中乔木下垫面平均空气相对湿度最高为 35.3%，铺装场地下垫面平均空气相对湿度最低为 33.3%，草坪下垫面平均空气相对湿度为 34.0%；夏季（AP）各组间平均空气相对湿度差异显著，其中乔木下垫面平均空气相对湿度最高为 50.3%，铺装场地下垫面平均空气相对湿度最低为 45.5%，草坪下垫面平均空气相对湿度为 48.3%；秋季（AP）各组间湿度差异性也不显著，其中草坪、乔木、铺装场地下垫面平均空气相对湿度分别为 32.2%、32.4%、32.3%。

对各个季节下垫面的湿度进行组间差异性分析，发现冬季和夏季差异显著，而春秋没有显著差异，从图 2-15 中可看出，冬季（AP）空气相对湿度为草坪>乔木>铺装场地，最大湿度差为 1.3%。春季（AP）空气相对湿度为乔木>草坪>铺装场地，最大湿度差为 2.0%。夏季（AP）空气相对湿度为乔木>草坪>铺装场地，最大湿度差为 4.8%。秋季（AP）空气相对湿度为乔木>草坪>铺装场地，最大湿度差为 0.2%。其中春季（AP）、夏季（AP）和秋季（AP）都是乔木下垫面的湿度最大，这跟乔木的蒸腾作用密不可分；而冬季（AP）草坪的湿度较大，这可能是由于在该时间段内场地中铺设了草坪，而未种植乔木。

（2）植被的增加对园区内热环境的影响

由于本试验中，除了园区内植物的数量发生改变之外，季节也在变化。因此，要进行季节之间的比较，就需要另设置一个参照组（ckI、ckJ、ckK）。其中参照组周围有植物且不发生变化，对照组为园区外的全光照组（cka~ckg），试验组（1、3、7、8、11、14）为园区内的测点。植被在测试时间段内的变化情况可参看表 2-4 所示信息。

表 2-4　时间与植被变化关系

	Stage0 （2014.11）	Stage1 （2015.04）	Stage2 （2015.07）	Stage3 （2015.10）
植被栽植情况	无植被	草坪和部分乔木	乔木栽植完成，加种灌木	绿化种植完成
草坪（m²）	0	30200	30200	30200
灌木（株）	0	0	409	585
乔木（株）	0	1305	1865	1865
总绿量（m²）	0	390334.2	455731.8	459214.3

通过对相对降温率的处理，可排除一定的季节干扰。从图 2-16b 中可看出，随着植物的增加，园区内的降温率先增加后降低。在 St0 降温率为负，表明园区内温度高于园区外，而随着植被的增加，园区内的降温率转为正数，并且随着植物的生长而增加，在 St2 达到最大降温率；之后随着植物的落叶，在秋季降温率又有所下降。

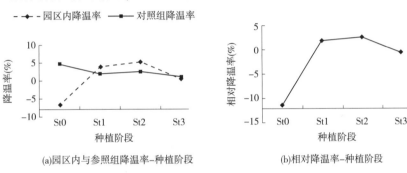

(a)园区内与参照组降温率-种植阶段　　　　　(b)相对降温率-种植阶段

图 2-16　降温率与种植阶段的关系

关于湿度的增长率与种植阶段的变化可参看图 2-17 所示信息，在 St0（秋季 BP）阶段增湿率为正，表明园区内湿度高于园区外，而随着植被的增加，园区内的增湿率也相应增加，并且随着植物的生长而增加，在 St1（春季 AP）阶段达到最大增湿率，之后有所下降。

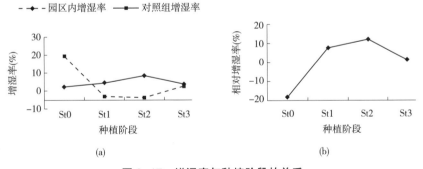

(a)　　　　　　　　　　　　　　　(b)

图 2-17　增湿率与种植阶段的关系

由图 2-18 可以看出在 St0（秋季 BP）阶段园区内减风率为正，表现为降低风速，而种植植物之后，园区内减风率增加，说明在刚种植植物时，园区的风速下降，植物自身的结构具有一定遮挡风的作用，表现为降低风速；而在 St2（夏季 AP）阶段，园区内整体表现为不增风也不减风，但是相对于同年 4 月，减风率有所下降，表现为相对增加风速（相对于 St1 春季 AP 阶段的风速），通过对各测点的风速观察，发现在通风口周围的风速明显增长，这可能是由于园区内部温度降低导致园区内外温差加大，从而导致空气对流增加；而在秋季植物的降温作用减弱，而物理挡风结构依然存在，相对于夏季，表现为降低风速。

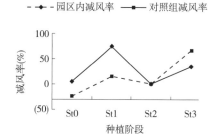
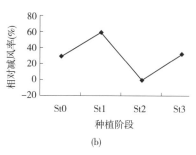

图2-18　减风率与种植阶段的关系

2.1.3.4　绿地对北大医疗产业园区内人体舒适度的影响

（1）下垫面对园区内不舒适度指数的影响

如图2-19所示，季节间DI差异明显，测量中夏季（AP）平均DI最高，可达28.4；冬季（AP）平均DI最小为10.9；春秋温度适中，秋季（BP）测试点平均DI为15.7，春季（AP）平均16.6，秋季（AP）平均DI为18.3。利用SPSS软件对各个季节中不同下垫面的空气温度进行组间差异性分析。结果发现，秋季（BP）组间DI值差异不显著，其中草坪、乔木、场地的平均DI值分别为16.5、15.5、16.3；冬季（AP）组间DI值差异不显著，其中草坪、乔木、场地的平均DI值分别为9.7、10.3、10.9；春季（AP）DI值组间差异显著，其中乔木的不舒适度指数最低，舒适程度最高，DI值为15.6，场地DI值最高为17.1，草坪DI值16.7；夏季DI值组间差异显著，其中乔木的不舒适度指数最

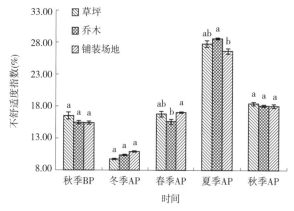

图2-19　园区内三种下垫面在三季高温时段的比较

注：BP（before planting）表示种植植被前的时间，AP（after planting）表示种植植被后的时间。字母表示相同季节中不同建筑空间的多重比较（Duncan显著差异法，不同字母表示差异显著，$p < 0.05$）

低，舒适程度最高，DI值为27.7，场地DI值最高为28.2，草坪DI值为28.0；秋季（AP）组间DI值差异不显著，其中草坪、乔木、场地的平均DI值分别为18.4、18.1、18.0。

通过上述结果可发现春季（AP）、夏季（AP）、秋季（AP）的DI均表现为场地>草坪>乔木，春季（AP）中最大DI差为1.5℃，夏季（AP）最大DI差0.5，秋季（AP）最大DI差为0.4；秋季（BP）各组间DI差异不显著，最大DI差为1.1；冬季（BP）各组间DI差异不显著，最大DI差为1.2。由于不舒适度指数是用来评价夏季热感受的指标，因此可从表中看出春季和秋季的舒适度均在1级范围内（具体级别参考表2-2），在夏季，虽然3种下垫面的不舒适程度均在四级范围内，但乔木的作用是显著的，它可以降低人们不舒适感受的程度。

（2）植被对园区内人体舒适度的影响

从图2-20中可以看出降低DI率随着时间的增长而先增加后减少，在St2（夏季）阶段达到最大相对降低DI率；这说明园区内的植被增加可以在一定程度上降低园区内的不舒适度指数。

降低 DI 率在 St3(秋季)阶段表现为下降，这也有可能是由于植被在秋季开始落叶，光合作用及蒸腾作用都开始减弱，影响了植被的降温增湿作用，从而导致降低不舒适度的程度减小。

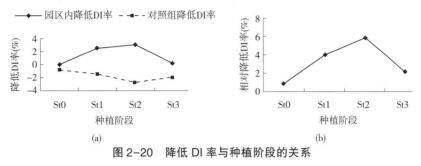

图 2-20　降低 DI 率与种植阶段的关系

2.1.4　结论与讨论

2.1.4.1　建筑空间对园区内热环境的影响

在微尺度的建筑环境中，不同建筑空间的测点具有不同的热环境特征。在不同季节，均发现建筑南侧温度高于建筑北侧。在秋季(BP)温差达到 1.6℃；在冬季(AP)，建筑南北侧温差达到 4.0℃，春季(AP)有 3.1℃，夏季(AP)2.2 和秋季(AP)为 1.2℃，但夏季(AP)及秋季(BP)两组间差异不显著。秋季(BP)建筑南北侧温度差异不显著可能是由于当时区域内铺面均为土地而无硬质铺装，减少了地面对太阳辐射的吸收及反射(袁琦，2016；黄焕春等，2015；李翔泽等，2014)，导致组间差异不显著，但由于建筑的作用仍能看出建筑南侧温度高于建筑北侧。而夏季(AP)南北侧温度差异不显著可能是由于乔木的增加及增长，使得建筑南侧及北侧的温度差有减小的趋势。因为植被可以有效地通过遮阴、蒸散等作用降低南侧的温度(吴菲等，2012；张艳丽等，2013；蔡红艳等，2014)，而建筑北侧的阳光直射本身就少，所以植被的增加对其影响小于南侧，因此建筑南侧及北侧的温差会随着植被的增加而减小，出现组间差异不明显的现象。

湿度的表现特征与温度不同，在春季(AP)夏季(AP)和秋季(AP)中，建筑北侧和南侧热环境中的空气相对湿度均表现出北高南低的状态，冬季(AP)表现出南高北低的趋势，但组间差异不显著。这说明空气相对湿度与建筑空间之间并无明显的相关性。研究还发现在秋季(BP)，南北两侧空间中空气相对湿度差异显著，这可能是由于外部环境影响所致，因为建筑北侧的测点与公园中水体的距离更近，因此会受到相应影响。有研究表明水体及公园在春夏秋季会对周边环境产生降温增湿的作用(吴菲等，2013；徐竟成等，2007；万君等，2014；张丽红等，2007)，这与本试验中春夏秋季建筑南北空间呈现出的空气相对湿度差异吻合。

对于风速，本研究发现平均风速较大的春季(AP)和秋季(AP)不同建筑空间的风速差异显著，而其他季节组间差异不显著，总的来说风速与建筑结构之间没有特定的规律。但通过研究测量日风向可以发现，当日风向会影响园区内风速分布。秋季(BP)建筑南侧风速最大；夏季(AP)、冬季(AP)秋季(AP)风速表现为建筑北侧最大；春季(AP)风速表现为建筑中间最大。结合表 2-3 的风向信息可以发现，当测量日风向为偏南风时，建筑北侧的风速会明显增加，而当测量日风向为偏西风时，建筑中间的风速会明显增加。由于风因子复杂多变，对测量误差有较大影响，因此对风因子的解释还需更进一步的研究。建筑风环境主要研究近地表建筑与周围环境的空气绕流问题(刘小芳等，2013)，地面的植被覆盖对风环境的影响通常不可忽略。本试验中春季(AP)增加的植被也可能是导致风速在园区内逐步降低的原因,因为植被形成的风屏障增加了风的阻力,降低了下游遮蔽区的风速,提高了湍流度,影响下游流场中介质的输运(杨易等,2010;龚晨等,2014)。

由于建筑空间的热环境特征的差异,导致人体舒适度因子也有所不同。不同建筑空间的DI值差异显著。其中在冬季(AP)、春季(AP)、秋季(AP)均为建筑南侧>中间>北侧,而夏季为建筑中间高于建筑北侧和建筑南侧。这可能是由于夏季的植被对环境有降温增湿的作用(陈睿智,2014;汪永英等,2012;晏海等,2012b;冯悦怡等,2014),导致建筑南侧的DI比北侧温度降低的更多,也就缩小了建筑南北侧DI的差。由于DI指标为测定热不舒适度指标,因此它更适用于夏季,虽然不舒适度指数在夏季全部位于区间"绝大多数人感觉不舒适"内,但仍可看出夏季建筑北侧的舒适程度更高。

2.1.4.2 外环境对园区内热环境的影响

为了探究绿地对园区内热环境特征的影响,我们不仅要先了解建筑空间对园区内热环境特征的影响,也要探讨园区外部环境对园区内热环境特征的影响。本研究发现虽然外部公园会对周边环境产生影响,但园区内部的热环境特征更多的取决于园区内部的建筑空间及绿地特征的影响。

本试验中,距离园区700m左右的地方有一8.12hm²并包含2.4 hm²水体的小型公园。该公园在7月和10月对外环境有较明显的降温增湿作用,而2月对外环境有较明显的保温作用,在4月保温作用不明显。这可能是随着天气回暖,水体从冬季的保温作用逐渐转变为夏季的降温作用。夏季的降温范围比较小,大约在500m以内,且降温强度较小,而秋季降温范围更广,大约在1000m以上。推测夏季降温强度较低可能是由于夏季本身高温,水体吸收的热量更多,其降温效益会降低。

在秋季高温时段,园区及周围环境表现出距离公园越远,其不舒适度指数越高的特点。而园区内部的测点与到公园距离并无显著相关性,园区外测点与到公园距离呈现显著正相关关系。可以推测公园对外部环境的DI指数有降低的作用,但需在一定距离内才能显现,若距离过短,则作用不显著。

2.1.4.3 绿地对园区内热环境的影响

本研究从绿地下垫面属性及绿地的增加两个方面来探讨绿地对园区内热环境特征的影响。结果发现绿地的下垫面属性及绿地的增加均会对园区内的热环境特征及人体舒适度产生影响。

绿地具有不同的下垫面属性,本试验对园区内3种不同的下垫面因子在各个季节中的热环境特征进行比较,发现在春(AP)、夏(AP)、秋(AP)季场地温度>草坪温度>乔木温度,而在冬季场地温度>乔木温度>草坪温度。冬季空气相对湿度表现为草坪>乔木>场地,春夏秋季均的空气相对湿度均表现为乔木>草坪>场地。这说明乔木在春夏秋季均有降温增湿的作用。这可能是由于绿地具有有降温增湿的作用(刘娇妹等,2009;徐高福等,2009;张艳丽等,2013;秦仲等,2012)。

在对园区内3种下垫面在四个季节高温时段的DI指数进行比较的时候发现乔木层地被与草坪和场地间差异性显著。且不舒适度指数在春季(AP)、夏季(AP)、秋季(AP)表现为为场地>草坪>乔木。也就是说在春季、夏季和秋季三个季节中,乔木都有降低不舒适度指数的作用。由于不舒适度指数是用来评价夏季热感受的指标,在夏季,虽然3种下垫面的不舒适程度均在四级(参考表2-2)范围内,但乔木的作用是显著的,它可以降低人们不舒适感受的程度。当微环境中绿地总面积增加、植被总数量增多时,微环境中整体的热环境特征将发生变化。通过排除其他影响因素,限制变量为园区内植物的数量,本研究发现,随着园区内植被的增加,园区内温度呈现降低的趋势,湿度则呈现增加的趋势,但植被不再增加后,降温率和增湿率在秋季有所下降,这可能是植被在秋季开始落叶,蒸腾和光合作用弱于夏季,导致园区内降温及增湿率有所下降。

2.2 街区尺度下绿地对建筑外热环境及人体舒适度的影响

夏季,由于绿地中乔木的遮光作用以及植物蒸腾作用,使得夏季绿地对周围环境有显著的降温增湿效果。对于绿地的降温增湿效益以及改善气候及减缓城市热岛效益的研究一直成为进来的热点问题,其中在街区尺度中大多采用模型模拟(ENVI-met模型)以及通过遥感测定绿地率、平均斑块面积以及容积率等因子对温度的影响,这些研究大多集中于居住区尺度,而在街区尺度对下垫面组成及绿地布局形式对热环境和人体舒适度的影响研究较少。因此本研究主要从街区尺度入手,着重讨论街区内下垫面组成及街区绿地布局形式对街区热环境特征及人体舒适度的影响。

2.2.1 研究区概况

研究区域位于北京市西北部的海淀区内,在北四环与北五环之间,从图2-22中可看出研究区域的城市热岛强度基本相似,位于相对集中的区域。由于街区环境受到多种因素的影响,因此在选择上需要满足以下条件:相对于城市尺度,街区要位于相对集中的环境;街区周围内无对其有影响的公园或水体;街区面积相对一致。通过上述选样方法,最后确立了4个街区,如图2-21所示,分别位于北京科技大学(北科)、北京航空航天大学(北航)、北京林业大学(北林)、北极寺干休所(北极寺)。

从平面图2-21中可看出,样地距奥林匹克森林公园5km,距圆明园3km,距颐和园4km。有学者利用遥感影像对北京大型公园的降温效果进行研究,结果表明奥林匹克森林公园的降温范围在1400m左右,颐和园的降温范围在2400m左右,而圆明园的降温范围在1300m左右(冯悦怡等,2014),因此,认为选定样地的温度不受其周围大型公园的干扰。

图2-21 样区选择图

图2-22 北京热岛效应分布图

(刘勇洪等,2014)

2.2.2 研究方法

2.2.2.1 样点的布置

首先，在街区内以200m为单位进行网格划分，然后根据光照情况进行测点调整，使所有的测点位于全光照条件，避免因为乔木的遮阴及建筑的阴影形成的降温效果而影响试验的准确性。其中，北航有样点15个，北科设置样点15个，北极寺设置样点11个，北林设置样点12个，共计样点53个，样点布置图见图2-23。

(a)北京科技大学

(b)北京航空航天大学

(c)北京林业大学

(d)北极寺干休所

图2-23 样点布置图

2.2.2.2 测量方法

（1）热环境因子的测量

为探究绿地对环境的影响，选择绿地降温效应最强的时间段，即下午13：00点到15：00点之间。测量选择3个连续的晴朗微风无霾的天气，于2015年9月1日到2015年9月3日；测量时使用3台仪器从3个地点同步测定，为了减少测量带来的误差，在4个街区内布置了固定的气象站，用于记录不同区域的温度变化，以矫正移动观测的数据。测量时间为2个小时，利用气象站的温度和湿度值矫正当日的温度和湿度信息，矫正时间到下午14：00。测量因子包括空气温度、空气相对湿度、风速。

并在2016年4月13日到2016年4月15日之间，对北林进行日变化的观测，共选择样点18个，其中全光照15个，树荫下3个。从上午10：00开始每隔2h进行一次观测，每个样点测量5组数据，分别是样点及样点周围东西南北5m远处的数据。包括空气温度、空气相对湿度、风速以及环境辐射温度（T_{mrt}）。如图2-24所示，其中5号、9号、12号为乔木遮阴下的测点。

（2）植物信息的收集

图2-24 北京林业大学日变化样点布置图

由于街区中建筑及植物的密度大，很难找到没有建筑和植物的大面积空地，因此试验中记录测点周围的植被信息。以测点为中心，设置20m×20m的样方，记录样方中所有的乔木及灌木信息，以便分析讨论植被对测点温湿度的影响。对样方内植物群落信息统计及量化测定的内容：乔木记录种名、株数、株高、胸径、冠幅、枝下高等；灌木记录种名、株高、地径、冠幅等。

（3）环境信息的测量与计算

根据相关研究发现，测点的温湿度主要受到其周围150m范围内下垫面的影响（Krüger et al，Givoni，2007；Yokohari et al，2009），当范围越小，影响效应越强，在50m范围内影响效应最大（晏海，2014）。在台湾，Sun（2001）通过对街道的实测发现空气温度主要受到测点周围10m内植被覆盖率的影响。而黄焕春发现，半径为130m的圆可以很好地反映测点热岛效应与周围建筑的关系。

综合前人的研究成果，本研究根据建筑的大小及面积，选择半径50m计算测点周围植被覆盖率和不透水表面的面积（Krüger et al，2007；Yan et al，2014a）。下垫面的组成数据来源于Google Earth的高清遥感影像（2014年7月）。再用AutoCAD软件进行描绘，利用眼睛分辨并结合实地踏查，勾勒出各测点50m范围内建筑、植被、不透水表面等下垫面信息。

天空可视因子（Sky View Factor，SVF）是用来研究城市冠层的几何结构，在本研究中，使用鱼眼镜头（Sigma 8mm）和佳能相机（Cannon EOS 5D）对天空因子进行拍照，然后在Phtoshop软件中对照片进行去色、剪裁等工作，最后使用Rayman软件对处理过的照片进行计算，得到天空可视因子的数据（Krüger et al，2007；Yan et al，2014a）。

（4）人体舒适度的计算

选择不舒适度指数为DI，具体计算方法参考前文的计算方法。本研究中使用PET作为舒适度指标，该指标是目前国际上对于评价室外热舒适度时使用最广泛的指标，但在国内使用较少。该指标可以使用Rayman软件计算，需要输入的变量有空气温度、空气相对湿度、风速、环境辐射温度、经纬度、时间、年龄、身高、性别、着衣量等因子。由于该指标的确定基于欧洲的人体感觉，所以在国内需要对其进行微调。由于北京与天津均属于华北地区，并且国内的舒适度指标中北京和天津也共有同一指标，因此本书根据Dayi Lai对PET在天津适用性来确立PET指标（Lai et al，2014），具体信息见表2-5。

表2-5 PET对照表

热感觉	欧洲	天津	热感觉	欧洲	天津
很热	41	46	微凉	13~18	−6~11
热	35~41	36~46	凉	8~13	−11~ −6
暖	29~35	31~36	冷	4~8	−16~−11
微暖	23~29	24~31	很冷	4	−16
舒适	18~23	11~24			

2.2.2.3 数据处理与分析

（1）数据处理

对温度和湿度的值进行校正，利用 Excel 软件计算各类下垫面的占地百分比。

（2）数据分析

首先对建筑覆盖率、植被覆盖率、天空可视因子、样方总盖度等因素与空气温度、相对湿度和人体舒适度进行一元回归，探讨街区尺度中不同因子对热环境及人体舒适度的影响。但是各因子间相互作用，因此，想要说明问题，需要进行多元回归分析（包凤达等，2000），回归方程如下：

$$Y = a + b_1 X_1 + b_2 X_2 + b_3 X_3 + \cdots\cdots b_n X_n$$

式中，Y 为因变量，a 为常数，b_1、b_2、b_3 为不同变量的回归系数，X_1、X_2、X_3 为各因子的测定值。所有数据均使用 SPSS19.0 进行分析检测。

2.2.3 结果与分析

2.2.3.1 街区下垫面组成对街区热环境特征的影响

为了获得影响街区中各热环境特征的因子，本书针对热环境中建筑覆盖率、绿地覆盖率、不透水地面覆盖率、天空可视因子等指标进行相关性分析，结果见表2-6。如表所示，在夏季14：00的情况中，街区热环境中影响测点温度的最主要因子是不透水地面覆盖率（$R^2 = 0.39$，$p < 0.01$）；其次是绿地覆盖率（$R^2 = 0.28$，$p < 0.01$）；然后是天空可视因子（$R^2 = 0.15$，$p < 0.01$）；最后是建筑覆盖率（$R^2 = 0.10$，$p < 0.05$）。而影响测点空气相对湿度的最主要因子是不透水地面覆盖率（$R^2 = 0.26$，$p < 0.01$）；其次是绿地覆盖率（$R^2 = 0.21$，$p < 0.01$）；然后是天空可视因子（$R^2 = 0.13$，$p < 0.01$）。

表2-6　环境因子与各测点基础信息的相关性分析

	BC	VC	GC	SVF
温度	−0.316*	−0.526**	0.627**	0.391**
（Sig）	0.021	0.000	0.000	0.004
湿度	0.225	0.457**	−0.514**	−0.358**
（Sig）	0.105	0.001	0.000	0.009

注：**. 代表显著性水平低于0.01，表现为相关性极显著；*. 代表显著性水平低于0.05，表现为相关性显著。表中BC(building cover)为建筑覆盖率，VC(Vegetation cover)为绿地覆盖率，GC(Ground cover)为不透水地面覆盖率，SVF(Sky view factor)为天空可视因子。

其中绿地覆盖率对街区热环境的温度呈极显著负相关关系；与街区热环境的空气相对湿度呈极显著正相关关系。不透水地面覆盖率与温度呈极显著正相关关系而与湿度呈极显著的负相关关系。天空可视因子与测点温度呈极显著的正相关关系而与空气相对湿度呈现极显著的负相关关系。但是建筑覆盖率在本测量时段也表现出与温度的显著负相关关系，这一点会在后文中讨论。

（1）植被覆盖率对街区热环境的影响

通过对所有测点的相关性及一元回归分析，发现回归方程中 R 值偏小，说明有其他因素影响温度，因此对数据进行再次处理。由于建筑本身会对周围环境产生影响，建筑南侧接受阳光直射而增温迅速，而建筑北侧产生阴影，会对周围环境产生影响。以此为依据，去除异常测点 9 个，这些测点均是距离建筑北侧或南侧过近的测点，而在建筑东侧或西侧影响不明显。在去除异常测点后对绿地覆盖率与空气温度重新进行一元回归分析，结果见图 2-25。

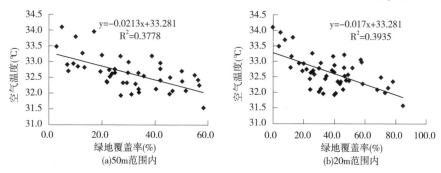

图 2-25　绿地覆盖率与空气温度的回归分析

结果表明，在夏季的街区中，某测点的温度与其周围环境中的绿地覆盖率呈显著的负相关关系，并且相关性会随着范围的缩小而逐渐增加。在 20m 范围内，得到温度回归方程：

$$T_a = -0.00171VC + 33.281$$

式中，T_a 为测点空气温度，VC 为绿地覆盖率。（$R^2 = 0.40$，$p < 0.01$）

在夏季高温时段，距测点 50m 范围内，得到的温度回归方程为：

$$T_a = -0.0213VC + 33.281$$

式中，T_a 为测点空气温度，VC 为绿地覆盖率。（$R^2 = 0.37$，$p < 0.01$）

若定义植被覆盖率从 0 增加到 100% 为引起的降温强度称为最大降温强度，则在 20m 范围内植被覆盖率引起的最大降温强度为 1.7℃，而在 50m 范围内引起的最大降温强度为 2.1℃。

对湿度数据进行统计分析，如图 2-26 所示，去除异常点 1 个之后重新进行回归分析，发现在 20m 和 50m 的范围中，湿度都与绿地覆盖率有极显著的正相关性。在夏季的街区中，某点的空气相对湿度与其周围环境中的绿地覆盖率在 20m 范围内，得到湿度回归方程：

$$Rh = 0.0406VC + 35.326$$

式中，Rh 为测点空气相对湿度，VC 为绿地覆盖率。（$R^2 = 0.41$，$p < 0.01$）

在夏季高温时段，街区内距测点 50m 范围内，得到的湿度回归方程为：

$$Rh = 0.0488VC + 35.435$$

式中，Rh 为测点空气相对湿度，VC 为绿地覆盖率。（$R^2 = 0.35$，$p < 0.01$）

若定义植被覆盖率从 0 增加到 100% 为引起的降温强度增湿强度称为最大增湿强度，则在 20m 范围内植被覆盖率引起的最大增湿强度为 4.1%，而在 50m 范围内引起的最大增湿强

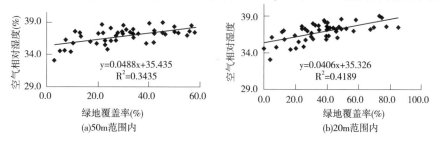

图 2-26　绿地覆盖率与空气相对湿度的回归分析

度为4.9%。

（2）不透水地面覆盖率对街区热环境的影响

本研究中不透水地面代表直接受到太阳照射的硬质铺装部分，不包括被乔木灌木等植被冠幅投影的部分。这些裸露的场地没有任何遮挡物，因此在阳光直射的时候，会迅速增温。如图2-27所示，在夏季高温时段，街区内某点的温度与50m范围内的不透水地面覆盖率呈极显著的正相关关系，在一元回归中表达式如下：

$$T_a = 0.0179GC + 31.687$$

式中，T_a为测点空气温度，GC为不透水地面盖率。（$R^2 = 0.35$，$p<0.01$）

若定义不透水地面覆盖率从0增加到100%为引起的增温强度称为最大增温强度，则在50m范围内引起的最大降温强度为1.8℃。

如图2-27b所示，在夏季高温时段，街区内某点的湿度与50m范围内的不透水地面覆盖率呈极显著的负相关关系，在一元回归中表达式如下：

$$Rh = -0.0378GC + 38.913$$

式中，Rh为测点空气相对湿度，GC为不透水地面盖率。（$R^2 = 0.26$，$p<0.01$）

若定义不透水地面覆盖率从0增加到100%为引起的减湿强度称为最大减湿强度，则在50m范围内引起的最大减湿强度为3.8%。

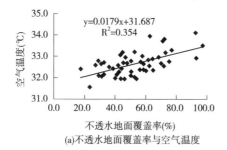
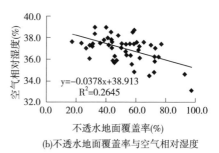

(a)不透水地面覆盖率与空气温度 　(b)不透水地面覆盖率与空气相对湿度

图2-27　不透水地面覆盖率与空气温湿度的回归分析

（3）建筑密度对街区热环境的影响

建筑密度是建筑基底占地面积与总用地面积的比值，此处表示特定尺度范围中的建筑密度，可以反映测点50m范围中建筑面积所占的比率。如图2-28所示在夏季14：00点街区中的热环境的建筑密度与热环境中的温度呈显著负相关。也就是说建筑的密度越高，温度越低。这是由于建筑在下午15：00前可以有效遮挡阳光的直射，而在傍晚逐渐表现出增加温度的热岛效应（黄焕春等，2015）。

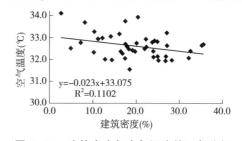

图2-28　建筑密度与空气温度的回归分析

虽然建筑密度与空气温度呈显著正相关，但在一元回归方程中发现建筑的降温作用并不非常明显，在温度的决定中不是主导因子。而湿度与建筑密度没有显著的相关性。温度与建筑密度在夏季14：00时的回归方程为：

$$T_a = -0.023BC + 33.075$$

式中，T_a为测点空气温度，BC为建筑密度。（$R^2 = 0.11$，$p<0.05$）

（4）天空可视因子对街区热环境的影响

天空可视因子是描述建筑、树木冠层结构的变量，它可以直接反映测点可见的天空面积大小，一般认为天空可视因子越大，可看到的天空面积越大。天空可视因子是由配置了鱼眼镜头的相机拍得照片后在 Rayman 软件中进行处理，最后得到的一组数据。本研究中部分样点照片如图 2-29 所示。

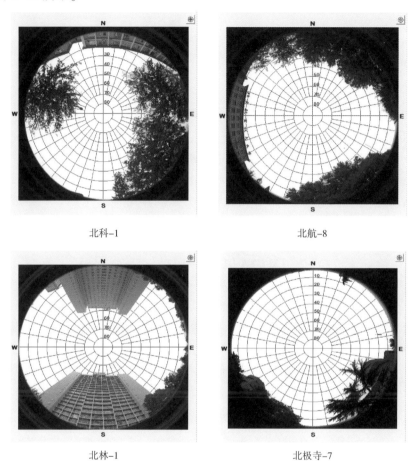

北科-1 　　　　　　　　　　　　　　北航-8

北林-1 　　　　　　　　　　　　　　北极寺-7

图 2-29　天空可视因子实例

由于测点范围较大，导致回归方程出现误差，因此在排除异常点后重新进行回归分析。从图 2-30a 中可看出，在夏季高温时段的街区中，测点温度与测点的天空可视因子呈显著正相关关系，回归方程如下：

$$T_a = 0.0117SVF + 31.847$$

式中，T_a 为测点空气温度，SVF 为天空可视因子。（$R^2 = 0.21$，$p < 0.01$）

若定义天空可视因子从 0 增加到 100% 所引起的增温强度称为最大增温强度，则在 50m 范围内引起的最大增温强度为 1.17℃。

从 2-30b 中可看出，在夏季高温时段的街区中，测点湿度与测点的天空可视因子呈显著负相关关系，回归方程如下：

$$Rh = -0.0241SVF + 38.534$$

式中，Rh 为空气相对湿度，SVF 为天空可视因子。（$R^2 = 0.12$，$p < 0.01$）

若定义天空可视因子从 0 增加到 100% 所引起的减湿强度称为最大减湿强度，则在夏季高温时段的街区内距测点 50m 范围内引起的最大增湿强度为 2.4%。

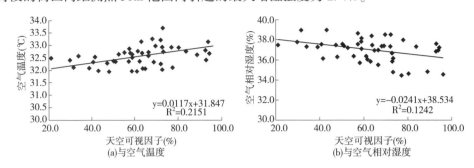

图2-30　天空可视因子与空气温湿度的回归分析

(5)综合因子对于街区中热环境的作用

在上文中对影响环境温湿度的各项因子进行研究和分析，发现植被覆盖率、不透水地面覆盖率、天空可视因子等变量均显著影响热环境中的各环境因子，这些因子不仅直接影响空气温度和空气相对湿度，它们之间会有相互联系并共同作用于热环境。并且在 20m 范围内植被对环境影响最大，因此，使用 20m 范围内的相关因子，对街区热环境中温度及湿度进行多元回归分析，得到温度回归方程如下：

$$T_a = -0.013VC + 0.012GC - 0.003SVF + 32.658$$

式中，T_a 为空气温度，VC 为植被覆盖率，GC 为不透水地面覆盖率，SVF 为天空可视因子。

这 3 个变量对回归模型有较好的解释力，可以依据这 3 个变量建立街区中夏季高温时段的回归模型(表 2-7)。如下表所示，其中对空气温度影响最显著的变量是不透水地面覆盖率，这个变量可以显著反映受到阳光直射的硬质场地面积，该变量越大，空气温度越高。不透水地面覆盖率与温度呈正相关关系，而植被覆盖率与空气温度呈负相关关系。

表2-7　空气温度的多元回归系数

变量	非标准系数	标准系数	Sig.	变量	非标准系数	标准系数	Sig.
植被覆盖率	−0.013	−0.485	0.001	常量	32.658		0.000
不透水地面覆盖率	0.012	0.408	0.002	R^2		0.530	
天空可视因子	−0.003	−0.108	0.427	调整 R^2		0.500	

因变量：空气温度

表2-8　空气相对湿度的多元回归系数

变量	非标准系数	标准系数	Sig.	变量	非标准系数	标准系数	Sig.
植被覆盖率	0.034	0.537	0.001	常量	36.321		0.000
不透水地面覆盖率	−0.027	−0.374	0.005	R^2		0.516	
天空可视因子	0.011	0.159	0.251	调整 R^2		0.485	

因变量：空气相对湿度

由于不透水路面覆盖率是二次变量，因此在做多元回归时被剔除。因此对湿度进行多元回归，选择变量植被覆盖率和天空可视因子(表 2-8)。由表可看出，空气相对湿度受到植被覆盖率的影响效果显著，也就是说在 50m 范围内植被覆盖率越高，空气相对湿度越大，回归方程如下：

$$Rh = 0.034VC - 0.027GC + 0.011SVF + 36.321$$

式中，Rh 为空气相对湿度，VC 为植被覆盖率，GC 为不透水地面覆盖率，SVF 为天空可视因子。

（6）下垫面特征对热环境日变化的影响

由于建筑以及植被对街区热环境的影响随着时间的改变而改变，因此，需要从日变化的角度进行分析和验证。本节主要描述建筑覆盖率及植被覆盖率对街区热环境中温湿度的影响和变化规律，测量时间为 2016 年 4 月中旬，空气温度 27℃。

通过对个别离散点的排除，对每个时间点的建筑覆盖率以及空气温度进行散点图的绘制，并通过 Excel 软件进行回归方程的计算，得到 5 组散点图，如图 2-31 所示。从图中可看出在 10：00（$R^2 = 0.20$）、12：00（$R^2 = 0.20$）和 14：00（$R^2 = 0.22$）时，建筑覆盖率与空气温度呈负相关关系，而在 16：00（$R^2 = 0.45$）时，与空气温度呈正相关关系，在 18：00 时无明显相关性。也就是说，在白天，随着空气温度的不断增加，建筑覆盖率越高，热环境中的温度越低；而在下午，随着太阳下山，空气温度不断下降，建筑覆盖率与空气温度呈现极显著的正相关关系。

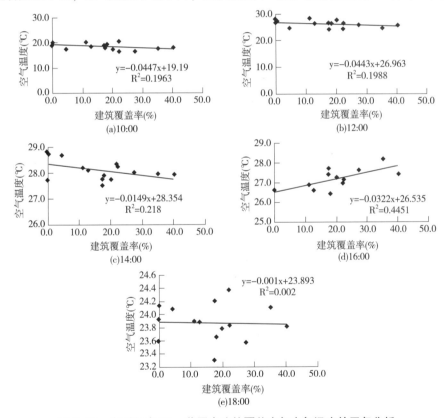

图 2-31 各时间点 50m 范围内建筑覆盖率与空气温度的回归分析

利用相同的方法对植被覆盖率及空气温度进行回归分析，得到如图 2-32 所示散点图，其中横坐标为乔木覆盖率，纵坐标为空气温度。从图中可看出在 10：00 时及 12：00 时，乔木覆盖率与空气温度无明显相关性；从 14：00 开始，乔木覆盖率与空气温度呈现极显著的负相关关系，其中 14：00 时 $R^2 = 0.41$，16：00 时 $R^2 = 0.15$，18：00 时 $R^2 = 0.40$。相关性最强的是 14：00，其次是 18：00，然后是 16：00。

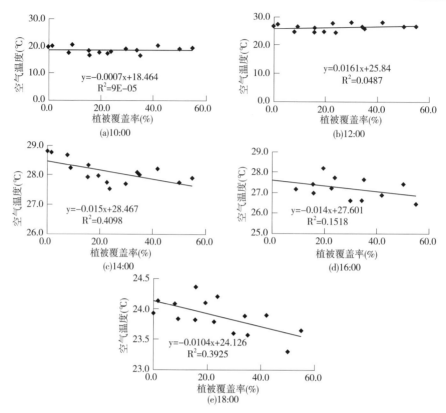

图 2-32　各时间点 50m 范围内植被覆盖率与空气温度的回归分析

对各时段乔木覆盖率及空气相对湿度进行散点图绘制，并利用 Excel 软件进行回归分析，得到如图 2-33 所示散点图。可以从图中看出，在 12：00（$R^2 = 0.15$）、14：00（$R^2 = 0.24$）、16：00（$R^2 = 0.65$）和 18：00（$R^2 = 0.71$）时植被覆盖率与空气相对湿度呈极显著的负相关关系，而 10：00 并不明显。相关性强弱为 18：00＞16：00＞14：00＞12：00。

2.2.3.2　街区下垫面组成对街区中人体舒适度的影响

为了探究不舒适度指数（DI）与街区热环境中的下垫面组成关系，故对不舒适度指数与植被覆盖率、不透水地面覆盖率以及天空可视因子和建筑覆盖率等因子进行相关性分析，分析结果见表 2-9。其中植被覆盖率（$R^2 = 0.15$，$p < 0.01$）与不舒适度指数呈极显著的负相关关系，不透水地面覆盖率（$R^2 = 0.24$，$p < 0.01$）与不舒适度指数呈极显著的正相关关系，天空可视因子（$R^2 = 0.11$，$p < 0.01$）与不舒适度指数呈显著的正相关关系，而建筑覆盖率与不舒适度指数没有明显的相关性。因此对有显著或极显著相关性的因子进行详细分析。

表 2-9　不舒适度指数与各环境因子的相关性分析

	VC	GC	SVF	BC
DI	−0.390＊＊	0.485＊＊	0.325＊	−0.268
	0.005	0.000	0.020	0.057

注：＊＊.代表显著性水平低于 0.01，表现为相关性极显著；＊.代表显著性水平低于 0.05，表现为相关性显著。表中 BC 为建筑覆盖率，VC 为绿地覆盖率，GC 为不透水地面覆盖率，SVF 为天空可视因子。

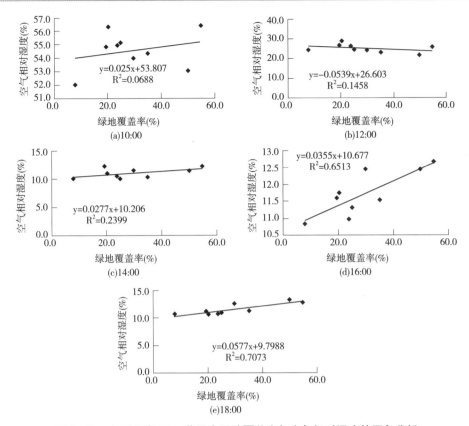

图 2-33 各时间点 50m 范围内绿地覆盖率与空气相对湿度的回归分析

(1)绿地覆盖率对街区人体舒适度的影响

首先，对样点进行处理和筛选，去除异常样点，具体方法见 2.2.3.1 中对绿地覆盖率指标处理的方法。以绿地覆盖率为横坐标，不舒适度指数为纵坐标，使用 Excel 软件绘制散点图，并拟合相应的趋势线(图 2-34)。通过该散点图可以看出，随着绿地覆盖率的增加，不舒适度指数呈现下降趋势，且为极显著的负相关关系。也就是说，绿地覆盖率越高的热环境，它的舒适度程度会更高，通过一元回归可得到在 50m 范围内绿地覆盖率与不舒适度指数的回归方程：

$$T_a = -0.0099VC + 26.652$$

式中，T_a 为测点空气温度，VC 为 50m 范围内的绿地覆盖率。($R^2 = 0.23$ ，$p < 0.01$)

也就是说，若定义 50m 范围内绿地覆盖率从 0 增加到 100% 为引起的不舒适度指数改变

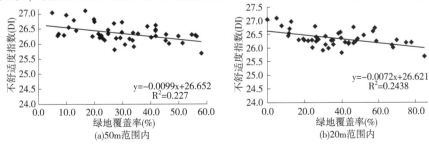

图 2-34 不同尺度中绿地覆盖率与不舒适度指数的回归分析

强度称为最大改变强度，则在50m范围内引起的最大不舒适度改变强度为0.99。

同理，通过一元回归得到在20m范围内绿地覆盖率与不舒适度指数的回归方程为：

$$T_a = -0.0072VC + 26.621$$

式中，T_a为测点空气温度，VC为50m范围内的绿地覆盖率。（$R^2 = 0.24$，$p<0.01$）

也就是说，若定义20m范围内绿地覆盖率从0增加到100%为引起的不舒适度指数改变强度称为最大改变强度，则在20m范围内引起的最大不舒适度改变强度为0.72。

（2）不透水地面覆盖率对街区人体舒适度的影响

以不透水地面覆盖率为横坐标，不舒适度指数为纵坐标，建立散点图，并使用EX-CEl软件进行线性模拟。从图2-35中可看出不舒适度指数与不透水地面覆盖率呈极显著的正相关关系，不舒适度指数随着不透水地面覆盖率的增加而增加，拟合回归方程如下：

$$DI = 0.0078GC + 25.927$$

式中，DI为不舒适度指数，GC为不透水对面覆盖率，$R^2 = 0.22$，$p<0.01$。

（3）天空可视因子对街区人体舒适度的影响

以天空可视因子为横坐标，不舒适度指数为纵坐标，可以发现天空可视因子与不舒适度指数有极显著的正相关性，如图2-36所示。也就是说随着天空面积的增加，不舒适度指数也会增长，这是由于天空可视因子显著影响温度和湿度的变化，而湿度和温度又是决定不舒适度指数的指标，因此天空可视因子也会与不舒适度指数有一定的相关性，但由于是二次指标的拟合，因此拟合程度较温度与湿度而言有所降低，拟合一元回归方程如下：

$$DI = 0.0052SVF + 25.99$$

式中，DI为不舒适度指数，SVF为天空可视因子，$R^2 = 0.13$，$p<0.01$。

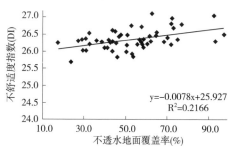

图2-35 不透水地面覆盖率与不舒适度指数的回归分析

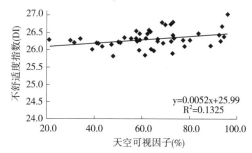

图2-36 天空可视因子与不舒适度指数的回归分析

（4）综合因子对人体舒适度的影响

不舒适度指数在前文中被发现与绿地覆盖率、不透水地面覆盖率和天空可视因子等变量有极显著的相关性，但由于各因子直接相互影响，因此想要确定不舒适度指数在夏季街区热环境中的回归方程，需要综合考虑所有因子。通过SPSS19.0中的多元线性回归，确定各变量的系数及方程常数，结果见表2-10。方程拟合程度良好，$p<0.01$；但方程相关性较差，只能解释25.7%的变量。式中绿地覆盖率与不舒适度指数呈现负相关的作用，而不透水地面覆盖率与不舒适度指数呈正相关关系，且显著影响变量。多元回归方程如下：

$$DI = -0.005VC + 0.005GC - 0.001SVF + 26.305$$

表 2-10 不舒适度指数多元回归系数

变量	非标准系数	标准系数	Sig.	变量	非标准系数	标准系数	Sig.
绿地覆盖率	−0.005	0.346	0.053	常量	26.305		0.000
不透水地面覆盖率	0.005	0.316	0.046	R^2		0.301	
天空可视因子	−0.001	−0.062	0.708	调整 R^2		0.257	

因变量：DI

（5）乔木对街区人体舒适度日变化的影响

在本试验中选择 3 组样地，如图 2-37 所示。每组包括全光照的场地及旁边的乔木下的空地，共有 6 组样点。从 10：00 开始每隔 2 小时记录样点的各项环境数据，包括空气温度、空气相对湿度、风速、环境辐射温度。并对两种性质的场地的温湿度及舒适度指标进行相关分析。

图 2-37 三组样地实景照片

首先对 3 组样地的环境因子进行平均值计算，用 Excel 软件进行折线图的绘制。横坐标为时间，纵坐标为环境因子，包括空气温度和湿度。从图 2-38(a) 中可以看出，场地中的温度除了 18：00 的以外均大于乔木下的温度，场地中温度最高为 14：00，温度为 28.24℃；最低温度为 18.18℃，在 10：00，最大温度差为 10.06℃。乔木下最高温也在 14：00，温度为 27.17℃，最低温在 10：00，温差为 9.4℃。其中同一时间点中场地与乔木温差最大为 1.59℃，发生在 12：00；温差最小在 18：00，温差为 −0.12℃。总体而言，温度在白天均是场地>乔木，在正午温差最大场地与乔木温差在一天中的变化为先增加后减小。

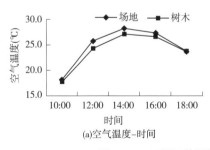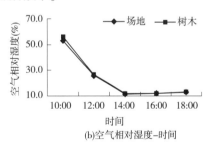

(a)空气温度-时间　　　　(b)空气相对湿度-时间

图 2-38 不同下垫面的温湿度因子的日变化特征

同理，对湿度进行平均值的计算，并绘制折线图，从图 2-38(b) 中可以看出，场地中的温度除了 16：00 的以外均小于乔木下的湿度，场地中湿度度最高为 10：00，温度为 53.05%；最低湿度为 11.76%，在下午 14：00，最大湿度差为 41.29%。乔木下最高湿度也在 14：00，湿度为 56.38%，最低湿度在下午 16：00，湿度为 12.05%，最大湿度差为 44.33%。其中同一时间点中场地与乔木温差最大为 3.3%，发生在 10：00；湿度差最小在下午 16：00，湿度差为 −0.06%。总体而言，湿度在白天均是乔木>场地，在上午湿度差最大。乔木中与场地中的湿度差在一天中的变化为先减小后增加。

本节选择了两种指标进行分析，一种是不舒适度指数 DI，还使用了热舒适性指标（PET）。两种指标均能在一定范围内评价人体舒适度。但 PET 指标由于其考虑了更多的因子(温湿度、风、环境辐射温度等)，被认为是一个能更准确反映人体舒适程度的指标。所以本节对两种指标分别进行讨论和分析。

由于不舒适度指数(DI)在小于 21 的情况下不具有解释力，由于春季的日基础温度较低，大部分时段都属于舒适程度。由表 2-2 可知，DI 在大于 21 时会有小部分人感觉不适。从图 2-39 可看出，在 12：00 时，广场有小部分人感觉不适，而乔木下舒适；在 14：00 时，两种下垫面均为小部分人感觉不适，但乔木下不舒适度指数更低，具有相对更舒适的环境。

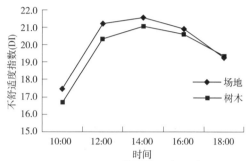

图 2-39　不同下垫面的不舒适度
指数日变化特征

对两种下垫面中的不舒适度指数(DI)进行分析，可以发现不舒适度指数与空气温度呈现相似的规律。从图 2-39 中可以看出，场地中的 DI 指数除了 18：00 的以外均大于乔木下的温度，场地中 DI 指数最高为 14：00，DI 指数为 21.57；最低 DI 指数为 17.45，在 10：00，最大 DI 指数差为 4.12。乔木下最高 DI 指数也在 14：00，DI 指数为 21.06，最低 DI 指数在 10：00，DI 指数为 16.75，最大 DI 指数差为 4.31。其中同一时间点中场地与乔木 DI 指数差最大为 0.88，发生在 12：00；DI 指数差最小在 18：00，DI 指数差为-0.07℃。总地来说 DI 指数在白天均是场地>乔木，在正午 DI 指数差最大。场地与乔木 DI 指数差在一天中的变化为先增加后减小。

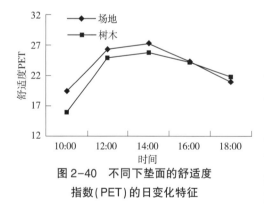

图 2-40　不同下垫面的舒适度
指数(PET)的日变化特征

对两种下垫面中的舒适度指数(PET)进行分析，可以发现舒适度指数也与空气温度呈现相似的规律。从图 2-40 中可以看出，场地中的 PET 指数除了 18：00 的以外均大于乔木下的温度，场地中 PET 指数最高为 14：00，PET 指数为 27.30；最低 PET 指数为 19.40，在 10：00，最大 PET 指数差为 7.90。乔木下最高 PET 指数也在 14：00，PET 指数为 25.80，最低 PET 指数在上午 10：00，PET 指数为 16.00，最大 PET 指数差为 9.80。其中同一时间点中场地与乔木 PET 指数差最大为 3.40，发生在 12：00；PET 指数差最小在 18：00，PET 指数差为 -0.80。总得来说 PET 指数在白天均是场地>乔木，在正午 PET 指数差最大。场地与乔木 PET 指数差在一天中的变化为先增加后减小。

由于 PET 指标在 16~28 的范围内随着 PET 的增加舒适度减小，因此，在本试验中，乔木的舒适程度在白天要大于场地的舒适度程度，而在傍晚小于场地。其中在 10：00 及 18：00 时，两种下垫面均的舒适度均属于舒适，而在其他 3 个时间段内，两者的舒适度均属于微暖，如图 2-40 所示。

本节对于两种指标的分析可以发现，两种指标的走势基本一致，但 PET 的量程更大，而 DI 指标的测量范围在 21~32 之间。也就是说 DI 指标只在温度较高的情况下有使用性，而在温度较低的季节需要使用量程更大的指标进行分析。

2.2.3.3 街区绿地布局形式对街区热环境特征的影响

选择3处面积基本相等，建筑覆盖率与绿地覆盖率也基本一致的街区，并且保证在城市中的相对位置集中于一处。本研究选择北京航空航天大学、北京科技大学以及北极寺干休所，基本信息见表2-11，平面图见图2-23。从图中可看出，北航的绿地属于集中式布局，绿地主要集中在街区中心的小游园中，而周围的宅旁绿地布置较少；而北科的绿地布局形式属于分散式布局，主要分布在建筑周围，乔木主要以行道树和广场树的方式栽植；而北极寺属于集中—分散式，除了街区中心的小游园外，在建筑两侧的附属绿地也分散布置在其他区域，另外场地东侧有一小型公园。每隔200m设置一测点，北航共设置测点14个，北科有测点14个，北极寺有测点10个，然后在每个街区外设置一对照点。

表2-11 不同样地的基础信息情况

	绿地覆盖率（%）	建筑覆盖率（%）	绿地布局形式	街区面积（hm²）
北京航空航天大学	31.97	22.99	集中式	62
北京科技大学	25.56	22.46	分散式	67
北极寺	32.66	20.66	集中-分散式	50

将各测点温室度与对照点温湿度参照公式进行计算，得到各测点降温率及增湿率的柱状图，如图2-41所示。公式如下：

$$降温强度=对照点温度-测点温度$$

$$降温率=(对照点温度-测点温)/对照点温度$$

$$增湿强度=测点湿度-对照点湿度$$

$$增湿率=(测点湿度-对照点湿度)/对照点湿度$$

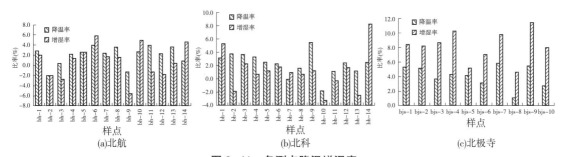

图2-41 各测点降温增湿率

表2-12 不同样地平均降温及增湿强度及降温增湿率

	空气温度		空气相对湿度	
	平均降温强度（℃）	平均降温率（%）	平均增湿强度（%）	平均增湿率（%）
北航	0.65	1.96	0.29	0.78
北科	0.72	2.18	0.41	1.12
北极寺	1.38	4.03	2.81	8.13

北航各测点的降温率在-2.04%~3.93%之间，增湿率在-5.58%~4.92%之间，其中降温率大于3%的测点有4个，在2%到3%之间的有6个，小于0的有2个；北科各测点降温率在-1.83%~5.43%之间，增湿率在-3.92%~8.25%之间，其中降温率大于3%的测点有5

个，在 2% 到 3% 之间的有 4 个，小于 0 的有 2 个；北极寺各测点降温率在 1%~5.77% 之间，增湿率在 4.60%~11.38% 之间，其中降温率大于 3% 的测点有 8 个，在 2%~3% 之间的有 2 个。通过对平均降温率的比较发现北极寺>北科>北航，平均增湿率也是北极寺>北科>北航；平均降温强度为北极寺>北科>北航，平均增湿强度为北极寺>北科>北航（见表 2-12）。从降温增湿的平均值角度来看，集中-分散式绿地降温效果最好，其次是分散式绿地，最后是集中式绿地。从降温效果的分布情况来看，降温率大于 3% 的测点在集中-分散式绿地中最多，其次是分散式绿地，最后是集中式绿地。

2.2.3.4 街区绿地布局形式对街区人体舒适度的影响

通过对 3 个街区平均降低不舒适度强度和比率进行平均值处理后，结果如表 2-13 所示，北航平均降低不舒适度指数 0.45，降低比率为 1.68；北科降低不舒适度强度 0.43，比率为 1.62%；北极寺降低不舒适度强度 0.6，比率为 2.22%。在夏季高温时段（平均日最高温为 32℃），降低不舒适度指数最多的是北极寺，其次是北航，最后是北科。

表 2-13　不同样地的平均降低不舒适度指数强度及比率

	不舒适度指数（DI）	
	平均降低不舒适度强度（℃）	平均降低不舒适度率（%）
北航	0.45	1.68
北科	0.43	1.62
北极寺	0.6	2.22

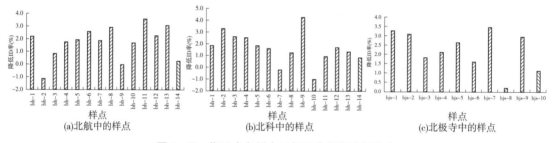

图 2-42　街区中各样点不舒适度指数降低比率

通过对各测点降低不舒适度指数的比较可以从图 2-42 中看出，北航对不舒适度指数的降低比率在 -1.16%~3.56% 之间，其中降低率在 2% 以上的有 6 处，降低比率在 1%~2% 之间的有 4 处，降低比率在 0~1% 的有 2 处，小于 0 的有 2 处；北科对不舒适度指数的降低比率在 -1.01%~4.25% 之间，其中降低率在 2% 以上的有 4 处，降低比率在 1%~2% 之间的有 6 处，降低比率在 0~1% 的有 2 处，小于 0 的有 2 处；北极寺对不舒适度指数的降低比率在 0.19%~3.45% 之间，其中降低率在 2% 以上的有 6 处，降低比率在 1%~2% 之间的有 2 处，降低比率在 0~1% 的有 2 处。从降低不舒适指数的平均值角度来看，集中-分散式绿地降温效果最好，其次是集中式绿地，最后是分散式绿地。从降温效果的分布情况来看，降温率大于 2% 的测点在集中-分散式绿地中最多，其次是集中式绿地，最后是分散式绿地。

2.2.4　结论与讨论

2.2.4.1 下垫面特征在高温时段对热环境特及人体舒适度的影响

通过对街区中测点温度和空气相对湿度与测点周围环境中下垫面的组成特征进行相关性

及回归分析，发现测点环境受到多种因素影响。对夏季高温时段中街区内下垫面属性与热环境特征的研究发现，空气温度随着周围环境中的不透水地面覆盖率的增加而增加，随着植被覆盖率的增加而降低，空气湿度则表现出相反的特性。这是由于植被的降温增湿作用引起的，植被不仅可以通过遮阴作用降低空气温度，还可以通过蒸散作用降低温度和增加湿度。通过对 20m 及 50m 的植被覆盖率的降温增湿作用研究发现，20m 尺度中的植物降温增湿作用更加显著。这是由于在 20m 范围中植物的遮阴降温作用会更加明显，而随着尺度的增加，蒸散降温会慢慢表现出来。另外，本研究中发现建筑覆盖率在高温时段与空气温度呈现显著的负相关关系，而与空气相对湿度无明显相关性。

在对热环境温度和湿度进行多元回归分析时，发现回归方程最多只能解释 50% 的变量，这是由于在街区中下垫面因子更为复杂多变。首先建筑材料的材质和颜色各不相同，它的反射率及比热也会有差异，另外，建筑的高度也不同，也就是说不论是建筑在白天的遮光降温作用还是在下午的散热作用都会有差异，这就导致街区中不同地点的温度差异更为明显。建筑布局还会影响冷岛效应的传递，一定面积的绿地具有冷岛效应，而这种降温作用会有一定的范围，而在建筑分布密集的区域会减少冷岛效应的降温范围。也就是说街区中绿地的降温效益更难传递。

2.2.4.2 建筑及乔木覆盖率对热环境特征的时空变化影响

在夏季高温时段的街区内部，建筑覆盖率与空气温度成显著负相关关系，这表明，在高温时段，建筑的增加会导致区域环境温度的降低。这是由于建筑的空间冠层结构决定其具有一定遮挡太阳辐射的作用。在白天，建筑区降低太阳辐射，抑制空气温度的上涨，但是这种作用并不能持续，在下午高温时段之后，建筑开始释放热量而成为热源。这主要是因为城市建筑会阻碍长波辐射的反射，使其滞留在近地表的范围中，从而增加周围环境的温度。在上午，建筑与地面都处于升温的状态中，但是建筑通过阴影作用以及更大的自身比热容，使得温度上升更慢；而空地中无遮挡物遮盖，直接接受太阳辐射，再加上地面的比热较小，因此升温更快，这种状态一直持续到高温时段。所以在高温时段，建筑覆盖率与空气温度呈现负相关的关系，而空地覆盖率与空气温度呈现极显著的正相关关系，在这个时段中，决定空气温度的最主要因子就是空地的面积。若想要使街区中某处在夏季高温时段的温度可以相对减少，则需要减少测点周围 50m 范围内的不透水地面覆盖率，增加植被覆盖率。

在春季对热环境温湿度进行日变化测量，并与建筑覆盖率及乔木覆盖率进行相关性及回归分析，结果验证了上述推测。建筑覆盖率与空气温度的关系从上午 10：00 到傍晚 18：00，先呈现负相关关系，在 16：00 开始转为正相关关系，但在傍晚相关性不明显，这可能与太阳落山有关。也就是在傍晚 18：00，建筑储存的热量已释放回空气当中，并趋于相对恒定状态，因此温度与覆盖率无明显相关性。这与晏海在局地尺度下得到的结论不同，这可能是尺度不同造成的差异。晏海在局地尺度中发现建筑密度高的城市区域相对于建筑密度低的公园区域温度更高，因此通过回归分析发现建筑密度与空气温度呈现显著正相关关系（Yan et al，2014a）。而本研究在街区尺度中进行，建筑环境相对稳定，不同的热环境中建筑密度在上午与空气温度呈负相关关系，而在下午则呈现正相关关系。本结论与黄焕春在建筑密度与夏季热岛的尺度响应机制的研究中得到的结论相似（黄焕春等，2015）。

通过对测点 50m 范围内乔木覆盖率与空气温湿度进行相关及回归分析，发现植被覆盖率在 10：00 和 12：00 时，与空气温度无明显相关性，从 14：00 开始出现显著负相关关系，一致持续到 18：00。在上午，日光直射时间开始逐渐增长，地表吸热温度增加，而植被尤其是乔木可以通过遮阴和蒸腾作用减缓温度的增加，在 14：00 作用最明显，这时也是乔木及场地温差最大的时刻。而湿度则表现出显著的正相关关系，并从 14：00 点开始，相关性不断增加，在 18：00 时相关性最高。

2.2.4.3　绿地布局形式对热环境特征及舒适度的影响

本试验中发现集中式绿地在降温增湿效益上不如分散式绿地，这可能是由于两方面的原因造成的。第一，集中式绿地只是把大面积的绿地集中在街区中间，这就导致街区其他地方的绿地率较少，而能影响街区温度的主要范围不会超过 150m，因此除了集中的绿地部分温度较低外其他大部分区域温度都较高，因此使得街区整体的平均气温较高而湿度较低。第二，虽然集中的绿地有一定的降温增湿范围，但这种范围在建筑密集的街区中会减少，由于建筑结构及建筑的布局方式等会影响降温效果的传播，并且也与集中绿地的面积大小有一定关系，本试验中集中式绿地的尺度为 4.5hm²，是小尺度的绿地。也有研究发现尺度过小的公园或者绿化覆盖率不高的小型公园有可能增加温度或者降温作用不明显。

而分散式绿地在整体绿地覆盖率相似的情况下，可以保证街区中较多的区域都有一定的降温效果，所以从整体上来看，可以有更多的降温增湿作用。但是从不舒适指数上来说，在高温环境中增加湿度会使人感到更加不舒适，因此集中式绿地在夏季高温时段拥有更高的舒适度。

在满足绿地率以及街区中建筑密度都相近的情况下，集中-分散式绿地有更好的降温及增湿比率以及更高的舒适程度。因为这种绿地布局形式不仅在街区中设置较多的绿地面积，而且分散在建筑周围的各个区域内都可以保证较高的绿化覆盖率，因此可以最大程度的满足更多区域具有较低温度和较高湿度。

2.3　局地尺度中绿地对建筑外热环境及人体舒适度的影响

2.3.1　研究区概况

奥林匹克森林公园位于北京市朝阳区北五环林萃路，东经 116°23′2.98″，北纬 40°01′3.00″，距天安门 9000m。公园占地 680hm²，绿化面积 478hm²，水面 67.7hm²，绿化覆盖率 95.61%。以五环路为界，公园分为南、北两园，南园占地 380hm²，北园占地 300hm²。奥林匹克森林公园地质构造为河流冲积平原，主山为"仰山"，仰山海拔 86.5m，相对高度 48m，山顶正下方是北京中轴线的北端点。

大量学者对公园的降温增湿效益进行研究，发现不同尺度，不同下垫面组成的公园其降温范围有所不同。有学者对奥林匹克公园的降温增湿效益进行研究，发现在奥林匹克公园区域与公园外的温差可达到 1℃ 左右（Yan et al，2014a）。

2.3.2　研究方法

2.3.2.1　样地选择及样点布置

本试验旨在探讨城市公园对周边城市热环境特征的影响，因此以奥森为中心，每距离奥森 500m 选择一个社区作为试验样地。因此本试验共选择样地 4 块，除奥森中心作为对照组外，还选择了国奥村东区，国奥村西区以及北京市自动化工程学校 3 块样地。每块样地均匀布置测点 9 个，共计测点 36 个。然后在 3 个社区的外围选择社区外对照点共 18 个，总计测点 54 个。为了避免植被阴影、建筑阴影带来的显著降温作用，所有测点均布置与全光照环境中，且测点周围尽可能无大型乔木。社区代号与社区测点的编号见表 2-14 所示。

表 2-14 测点信息说明

	公园内测点	社区 A 测点	社区 A 外部测点	社区 B 测点	社区 B 外部测点	社区 C 测点	社区 C 外部测点
测点编号	01~09	11~19	G~L	21~29	ABCDFM	31~39	ENOPQR

测点布置情况见图 2-43 所示。

图 2-43 样点布置图

（1）环境因子的测量

共测量环境因子 4 个，包括空气温度、空气相对湿度、风速。使用仪器为 TES-1314 风速计。测量时间为 2015 年 10 月以及 2016 年 4 月，测量时选择晴朗微风天气的高温时段，13：00~15：00，且大气温度达到 27℃ 左右。测量时采取多人同时测量，保证时差较小，另外使用固定温湿度计对当日气温及湿度值进行测量并用于矫正其他测量数据。

（2）基础信息的收集

使用 Google Earth 软件对测量区域各点到公园测点的距离进行计算，公园中的原点位于公园中心的水边场地上。

2.3.2.2 数据处理与分析

使用 DI（Discomfort impact，不舒适度指数）指标作为评价舒适度的标准，公式参考第 2 章。本章使用 BJDI 作为舒适度指标，加入风因子进行舒适度的综合分析，其等级划分见表 2-15 所示。根据北京市气象局自 1997 年发布的人体舒适度指数预报中使用的模型（刘梅等，2002；夏立新，2000），计算公式如下：

$$BJDI = 1.8T + 0.55(1 - Rh) + 32 - 32\sqrt{V}$$

按照到公园距离为所以样点分类，然后使用 SPSS 软件对数据进行单因素方差分析，比较各组间的差异；计算公园距离与各环境因子的相关性分析，并建立各因子与到公园距离的一元回归方程，使用 EXCEL 软件描绘数据散点图并标明线性回归方程。

表2-15　人体舒适度指数(BJDI)等级划分

人体舒适度指数	级别	热感觉
>85	4级	炎热,热调节功能障碍,人感觉极不适应
81~85	3级	热,人感觉很不舒适,容易过度出汗
76~80	2级	暖,人感觉不舒适,容易出汗
71~75	1级	温暖,人感觉较舒适,轻度出汗
61~70	0级	舒适
51~60	-1级	凉爽,人感觉较舒适
41~50	-2级	凉,人感觉不舒适
20~40	-3级	冷,人感觉很不舒适,体温稍有下降
<20	-4级	寒冷,人感觉极不适应,冷得发抖

2.3.3 结果与分析

2.3.3.1 奥林匹克森林公园的热环境特征

在春秋季节,大气温度达到27℃左右时,奥森相对于周边环境表现出降温增湿增风的效益,并且这种效益与公园距外界环境的距离密切相关。如图2-44所示,横坐标表示公园到外部环境的距离,纵坐标表示公园的增风强度,在相对于公园800m的街道上,公园的平均增风强度为0.50m/s,在相对于公园1200m的街道上,公园的平均增风强度为0.95 m/s,在相对于公园1600m的街道上,公园的平均增风强度为1.40m/s;相对于公园外800m的居住区而言,公园的平均增风强度为0.53m/s,相对于公园外1200m的居住区而言,公园的平均增风强度为0.204m/s,相对于公园外1600m的居住区而言,公园的平均增风强度为0.84m/s。若不考虑住区内外的差别,相对于公园外800m处的区域,公园的增风强度为0.52m/s;相对于公园外1200m处的区域,公园的增风强度为0.58m/s;相对于公园外1600m处的区域,公园的增风强度为1.12m/s。公园内较公园外部测点而言,平均增风强度为0.74m/s。

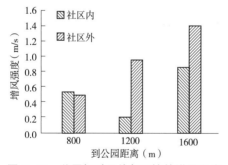

图2-44　公园相对于外部环境的增风强度

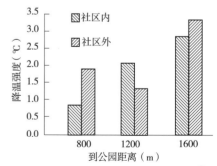

图2-45　公园相对于外部环境的降温强度

如图2-45所示,横坐标表示公园到外部环境的距离,纵坐标表示公园的降温强度,在相对于公园800m的街道上,公园的平均降温强度为1.64℃,在相对于公园1200m的街道上,公园的平均降温强度为1.16℃,在相对于公园1600m的街道上,公园的平均降温强度为2.88℃;相对于公园外800m的居住区而言,公园的平均降温强度为0.74℃,相对于公园外1200m的居住区而言,公园的平均降温强度为1.81℃,相对于公园外1600m的居住区而言,公园的平均降温强度为2.47℃。若不考虑住区内外的差别,相对于公园外800m处的区域，公园的降温强度为 1.19℃；相对于公园外 1200m 处的区域，公园的降温强度为 1.40℃；相对于公园外 1600m 处的区域，公园的降温强度为 2.68℃。公园内部测点较外部测点而言，平均降温强度为 1.76℃。

如图 2-46 所示，横坐标表示公园到外部环境的距离，纵坐标表示公园的增湿强度，在相对于公园 800m 的街道上，公园的平均增湿强度为 6.42%，在相对于公园 1200m 的街道上，公园的平均增湿强度为 7.93%，在相对于公园 1600m 的街道上，公园的平均增湿强度为 7.35%；相对于公园外 800m 的居住区而言，公园的平均增湿强度为 1.73%，相对于公园外 1200m 的居住区而言，公园的平均增湿强度为 3.06%，相对于公园外 1600m 的居住区而言，公园的平均增湿强度为 4.80%。若不考虑住区内外的差别，相对于公园外 800m 处的区域，公园的增湿强度为 4.08%；相对于公园外 1200m 处的区域，公园的增湿强度为 5.50%；相对于公园外 1600m 处的区域，公园的增湿强度为 4.28%。公园内部测点较外部测点而言，平均增湿强度为 4.62%。

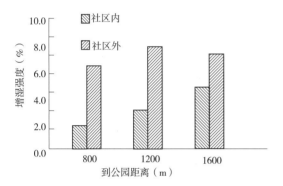

图 2-46 公园相对于外部环境的增湿强度

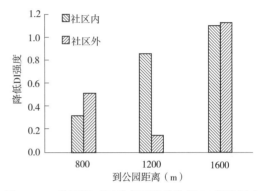

图 2-47 公园相对于外部环境的降低 DI 指数强度

2.3.3.2 奥林匹克森林公园的人体舒适度舒适度

如图 2-47 所示，横坐标表示公园到外部环境的距离，纵坐标表示公园降低不舒适度指数的强度(以下简称 DI 降低强度)，在相对于公园 800m 的街道上，公园的平均 DI 降低强度为 0.52，在相对于公园 1200m 的街道上，公园的平均 DI 降低强度为 0.14，在相对于公园 1600m 的街道上，公园的平均 DI 降低强度为 1.13；相对于公园外 800m 的居住区而言，公园的平均 DI 降低强度为 0.32，相对于公园外 1200m 的居住区而言，公园的平均 DI 降低强度为 0.86，相对于公园外 1600m 的居住区而言，公园的平均 DI 降低强度为 1.10。若不考虑住区内外的差别，相对于公园外 800m 处的区域，公园的 DI 降低强度为 0.42；相对于公园外 1200m 处的区域，公园的 DI 降低强度为 0.55；相对于公园外 1600m 处的区域，公园的 DI 降低强度为 1.12。公园内部测点较外部测点而言，平均 DI 降低强度为 0.70。

如图 2-48 所示，横坐标表示公园到外部环境的距离，纵坐标表示公园降低舒适度指数的强度(以下简称 BJDI 降低强度)，在相对于公园 800m 的街道上，公园的平均 BJDI 降低强

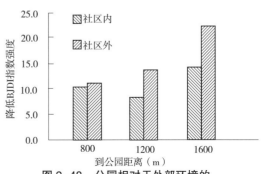

图 2-48 公园相对于外部环境的
降低 BJDI 指数强度

度为 10.48，在相对于公园 1200m 的街道上，公园的平均 BJDI 降低强度为 13.67，在相对于公园 1600m 的街道上，公园的平均 BJDI 降低强度为 22.28；相对于公园外 800m 的居住区而言，公园的平均 BJDI 降低强度为 10.10，相对于公园外 1200m 的居住区而言，公园的平均 BJDI 降低强度为 8.09，相对于公园外 1600m 的居住区而言，公园的平均 BJDI 降低强度为 14.00。若不考虑住区内外的差别，相对于公园外 800m 处的区域，公园的 BJDI 降低强度为 10.29；相对于公园外 1200m 处的区域，公园的 BJDI 降低强度为 10.88；相对于公园外 1600m 处的区域，公园的 BJDI 降低强度为 18.14。公园内部测点较外部测点而言，平均 BJDI 降低强度为 13.10。

2.3.3.3 奥林匹克森林公园对外部热环境特征的影响

首先对 54 个测点的各项指标与到公园的距离进行相关性分析，分析结果如表 2-16 所示。其中温度（$R^2 = 0.52$）和不舒适度指数（$R^2 = 0.41$）均与距离呈现极显著的正相关关系；而湿度（$R^2 = 0.39$）与距离呈现极显著的负相关关系；风速与北京舒适度指标均没有明显的相关性。

表 2-16　到公园距离与各环境因子的相关性

	风速	温度	湿度	不舒适度指数	BJDI
到公园距离	0.017	0.718**	−0.643**	0.621**	0.061
Sig.	0.901	0.000	0.000	0.000	0.659

注：**. 代表显著性水平低于 0.01，表现为相关性极显著；*. 代表显著性水平低于 0.05，表现为相关性显著。其中 BJDI 为适用于北京的舒适度指标，该指标由温度、湿度和风速共同决定。

利用 EXCEl 软件对空气温度和空气相对湿度与到公园距离进行散点图绘制，并添加趋势线，利用 SPSS19.0 软件对其进行一元回归分析，结果见图 2-49。其中最高温为 29.0℃，最低温 24.8℃，相差 4.2℃；湿度最高为 27.9%，最低为 15.9%，相差 12%。回归方程如下：

$$T_a = 0.0012D + 25.643$$

式中，T_a 为空气温度，D 为测点到达公园内部 01 号点的距离，25.643 为常数，$R^2 = 0.443$，$p < 0.01$。

$$Rh = 0.0033D + 25.758$$

式中，Rh 为空气相对湿度，D 为测点到达公园内部 01 号点的距离，25.758 为常数，$R^2 = 0.414$，$p < 0.01$。

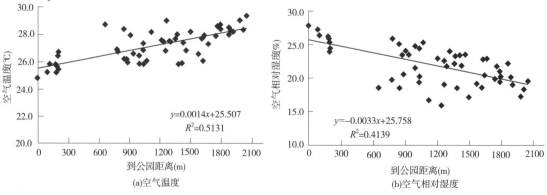

图 2-49　温度湿度-距离的一元回归散点图

使用 SPSS19.0 软件对 7 个分区各项指标进行平均值计算以及单因素分析，平均值见表2-17。其中除风速和 BJDI 指数组间差异不明显外，其余各项指标组间差异达到极显著水平（p<0.01）。通过表 4-4 可以看出，空气温度最高的组是社区 C 外的测点，平均温度 28.57℃，空气温度最低的组是公园内的组，平均温度 25.69℃；空气相对湿度最高的组为公园内，平均空气相对湿度值为 25.97%，最低组为社区 B 外的测点，平均湿度 18.03%；风速最大的组为社区 B，平均风速 2m/s，平均风速最小的组为社区 C 外的测点，风速为 0.8m/s；平均距离最近的为公园内测点，平均距离 148.88m，最远为社区 C 外的测点，平均距离 1840.73m；DI（不舒适度指数）值最低为公园内测点 21.13，最高值外社区 C 外测点 22.26；BJDI（北京舒适度指标）最低为社区 B 内测点 41.55，最高为社区 C 外测点 55.74。

表 2-17 各分区中各项环境因子平均值

	公园内	A-外	社区 A	社区 B	B-外	社区 C	C-外
风速(m/s)	2.20	1.70	1.67	2.00	1.25	1.36	0.80
空气温度(℃)	25.69	27.33	26.43	27.50	26.85	28.16	28.57
空气相对湿度(%)	25.97	19.55	24.23	22.91	18.03	21.17	18.62
距离(m)	148.88	871.28	934.27	1343.71	1363.43	1768.32	1840.73
不舒适度指数	21.13	21.65	21.45	21.99	21.28	22.23	22.26
BJDI	33.46	43.94	43.56	41.55	47.13	47.46	55.74

由于风速是一个比较随机的因子，本试验中各组间风速的差异均不显著，但可以比较出平均值的大小关系，结果如图 2-50 所示，平均风速为公园内>社区 B>社区 A 外>社区 A>社区 C>社区 B 外>社区 C 外。其中样的排列顺序按照距公园远近进行，社区 A 离公园较近，社区 C 离公园较远。可以看出随着距离公园越远，风速呈现整体下降但稍有波动的趋势。

使用 SPSS19.0 软件对空气温度进行单因素分析，发现样区见空气温度差异达到极显著水平。结果如图 2-51 所示，共分为 5 个水平，其中温度最低为公园内部，其次为社区 A，再次是社区 A 外及社区 B 和社区 B 外，然后是社区 B 和社区 C，最后是社区 C 和社区 C 外。可以发现 3 个社区间温度呈递增趋势，社区平均温度为 A<B<C。

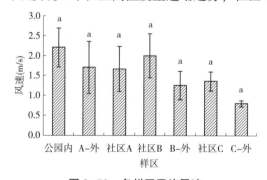

图 2-50 各样区平均风速

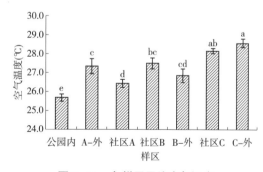

图 2-51 各样区平均空气温度

从图 2-52 中可以看出，空气相对湿度的梯度异常明显，7 个样区间差异均极显著，整体湿度随着距离公园越远而呈现下降趋势，但是社区内湿度高于社区外湿度，因此湿度大小的排序为公园内大于社区 A>社区 B>社区 C>社区 A 外>社区 C 外>社区 B 外。其中处理社区 C 与社区 C 外的湿度差异不显著，其余各组均差异显著。

如图 2-53 所示，通过对距离的单因素分析，发现 7 个样区可分为 4 类，公园内为一类，其余各社区均与本社区的外部参照点的距离差异不显著，也就是说公园内<社区 A 和社区 A

外<社区 B 和社区 B 外<社区 C 和社区 C 外。

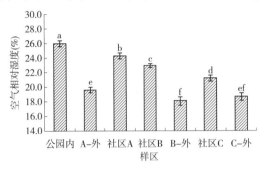

图 2-52　各样区平均空气相对湿度

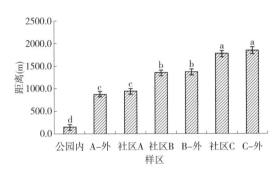

图 2-53　各样区到公园平均距离

2.3.3.4　奥林匹克森林公园对外部环境中舒适度的影响

由于不舒适度指数与温度和湿度密切相关，因此将不舒适度指数与各测点到公园距离进行一元回归分析并使用 EXCEL 软件绘制散点图，结果见图 2-54。发现不舒适度指数与到公园距离呈现正相关关系，距离公园越近不舒适指数越低，舒适程度越高，反正舒适程度越低。其回归方程为：$DI = 0.0006D + 21.021$

式中，DI 为不舒适度指数，D 为测点到公园距离，21.021 为常数。$R^2 = 0.386$，$p < 0.01$。

如图 5-55 通过对不舒适度指数进行单因素分析，发现组间差异显著，7 组样区可分为 4 个水平，分别为社区 C 外、社区 C 和社区 B>社区 B 和社区 A 外>社区 A 外、社区 A 和社区 B 外>公园内。公园内测点舒适度显著高于其他各区，社区 A 的舒适度显著高于社区 B 和社区 C，社区 B 的舒适程度高于社区 C，但差异不显著。

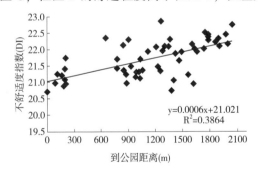

图 2-54　DI 指数与到公园距离的一元回归分析

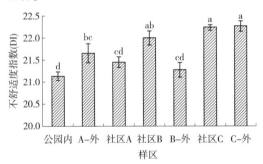

图 2-55　各样区 DI 平均值

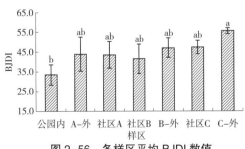

图 2-56　各样区平均 BJDI 数值

由于 BJDI 指标由风速、温度和湿度共同决定，而风速对其影响更重，因此 BJDI 指标但随着距公园距离的增长，呈现增加降低再增长的趋势。如图 2-56 所示，其中社区 C 外>社区 C、社区 B、社区 B 外、社区 A、社区 A 外>公园内。由于 BJDI 处于负等级指标中，因此数值越高越舒适，舒适程度排序也为社区 C 外>社区 C、社区 B、社区 B 外、社区 A、社区 A 外>公园内。

其中公园内舒适度属于冷，人感觉很不舒适；社区 C、社区 B、社区 B 外、社区 A、社区 A 外的舒适度属于凉，人感觉不舒适；而社区 C 外的舒适度属于凉爽，人感觉较舒适。

2.3.3.5 奥林匹克森林公园对居住区内热环境特征的影响

如图 2-57 所示，居住区中间的测点，其环境因子较稳定，而街道上的测点变化大，因此将住区中的测点与公园内测点提出重新进行一元回归分析，可得到住区与公园的距离和住区内部各温度的回归关系，回归方程为：$T_a = 0.0017D + 25.213$

式中，T_a 为空气温度，D 为测点至公园距离，25.213 为常数。$R^2 = 0.660$，$p < 0.01$。

如图 2-58 所示，居住区中间的测点，其环境因子较稳定，而街道上的测点变化大，因此将住区中的测点与公园内测点提出重新进行一元回归分析，可得到住区与公园的距离和住区内部湿度的回归关系，回归方程为：$Rh = -0.003D + 26.673$

式中，Rh 为空气相对湿度，D 为测点至公园距离，26.673 为常数。$R^2 = 0.739$，$p < 0.01$。

由上式可见，随着居住区与公园距离的增加，其温度均值在上涨而相对湿度均值在下降。若以 500m 为一个长度单位，则在测量日，居住区在公园可影响的范围内每距离靠近公园 500m 其温度可下降 0.85℃，湿度可增加 1.5%。

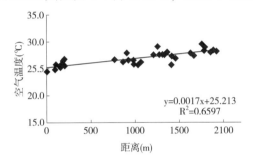

图 2-57 住区内空气温度与到公园
距离的一元回归分析

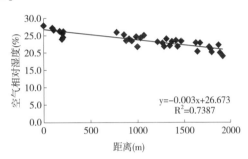

图 2-58 住区内空气相对湿度与到
公园距离的一元回归分析

2.3.3.6 奥林匹克森林公园对居住区内舒适度的影响

关于不舒适度指数，较温度和相对湿度而言，其在每个居住区中的分布要更分散，但各居住区之间相对于距离这个因子而言仍成整体上升的趋势，如图 2-59 示。随着到公园距离的增加，居住区中的不舒适度指数也随之增加，距离公园更近的住区在测量日拥有更高的舒适度程度。通过对 EXCEL 软件绘制的散点图进行线性拟合，得到方程：$DI = 0.0008D + 20.908$

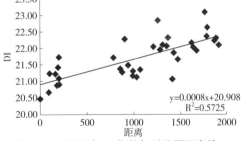

图 2-59 住区内 DI 指数与到公园距离的
一元回归分析

式中，DI 为不舒适度指数，D 为至公园的距离，20.908 为常数，$R^2 = 0.573$，$p < 0.01$。回归系数为 0.573，表示拟合程度良好，可以解释 57.3% 的变量。若以 500m 为一个居住区的单位，到公园的距离每增加一个居住区，不舒适度指数会增加 0.4。

2.3.4 结论与讨论

2.3.4.1 奥林匹克森林公园对热环境特征的影响

（1）公园的降温增湿及增风强度

在测量日高温时段，奥森的降温强度平均为 1.76℃，其中，最大降温强度为 2.88℃（与距离公园 1600m 处的样点相比较），最小降温强度 0.74℃（与距离公园 800m 处的样点进行比较）。这种降温强度随着参考点的改变而发生变化，若参考点离公园较远则降温强度更大，反之更小。这高于晏海的结论：奥森在夏季高温时段的最大降温强度为 1.8℃，平均降温强度 0.6℃。原因可能是距离不同而造成结果有差异，他的测点基本都在公园外 1000m 左右，还处于公园降温效益波及的范围内，而本文中公园外测点更远，是在局地尺度中对公园降温强度的评价。吴菲等人对绿地面积及降温强度的研究中发现，5hm² 以上的绿地其降温效益趋于恒定，最大降温强度在 3.2℃ 左右，略高于本试验中所得数据，原因可能是她的公园内测点有部分位于树木遮阴处，会增加公园的降温强度，而本试验中测点均位于开阔的全光照区域。

在测量日高温时段，奥森的增湿强度平均为 4.62%，其中，最大增湿强度为 7.93%（与距离公园 1200m 处的样点相比较），最小增湿强度 1.73%（与距离公园 800m 处的样点进行比较）。这种增湿强度随着参考点的改变而发生变化，若参考点离公园较远则增湿强度更大，反之更小。这可能是由于奥森中有大面积的水体导致公园中水汽蒸发量较多，而且由于公园中绿地面积多，植被会有一定的蒸腾作用，虽然在测量日植被的蒸腾作用会较夏季少，但土壤中水分也会有一定的蒸散作用。吴菲在研究中发现，面积 5hm² 以上的绿地其增湿强度在 4.3% 到 5.6% 之间，这略低于本试验中的最大增湿强度，原因可能为奥森中水体的面积较大导致蒸散的水汽量更多，并且降温强度中公园外的测点离公园较远，是在局地尺度中对公园增湿强度的测定，因此值会略高于吴菲等的值（吴菲等，2007b）。

在测量日高温时段，奥森的增风强度平均为 0.74m/s，其中，最大增风强度为 1.40m/s（与距离公园 1600m 处的样点相比较），最小增风强度 0.20m/s（与距离公园 1200m 处的样点进行比较）。关于风速，在本研究中公园内风速最高，达到平均风速 2.2m/s，这可能是由于公园内选点接近湖面，而水的比热容大于不透水地面的比热容，升温更慢，造成温度差，而空气会从高压区吹向低压区，因此水边的风速会较大（尤媛，2015；周浩超，2014）。另外也可能与水陆表面粗糙程度有关，水体表面粗糙度低，所以在风经过水体时流速会略有增加。这与轩春怡的结论比较相似，在夏季水体的加入可增加下风方向的风速（轩春怡，2011）。

（2）公园对居住区温湿度及风速的影响

公园会通过对流作用对周边环境温度产生影响。本研究中发现，测点温度与到公园距离有着显著的相关性，并且这种影响会延伸至居住区内部，虽然居住区中建筑较多，结构更为复杂，但是在测量日，居住区中的各测点的温湿度会相对集中在一个频段内，并随着距离的增加而逐渐增加或降低。但是公园内部测点与距离回归后 R^2 较低，这说明居住区内部的温湿度更为复杂多变，但整体还是会受到公园的影响。每增加一个居住区的距离（500m 左右），居住区内的平均温度会增加 0.85℃，平均湿度会降低 1.5%。但是这种影响是有距离限制的，这与公园自身面积、水体面积有关，也与公园外建筑的布局形式和密度等密切相关。冯悦怡等学者通过遥感分析得出奥森的降温范围在 1400m 左右，晏海通过对奥森降温效益的研究发现奥森的降温范围大于 1000m，并且由于奥森西部的楼房密度更小，奥森对西部的居住区降温强度较东部更高，传播更广。本试验通过对 3 个居住区温湿度的单因素分析发现：对于温度而言，1600m 的街道上与距离公园 1200m 的街道之间有显著差异，而湿度却没有显著差异，这表明公园对居住区内温度产生的影响可能会超过 1600m，而湿度可能影响在 1200～1600m 之间。

然而社区内的测点表现出不同的规律，1600m 的社区与距离公园 1200m 的社区之间无显著差异，而湿度却有显著差异，这与到公园的距离有一定的关系，另外与居住区内部的植被覆盖率等因素也有一定关系，因为不论距离公园远近，居住区内部的湿度都显著高于居住区外部的街道上的湿度，故难以确定公园对居住区影响的范围。

2.3.4.2 奥林匹克森林公园对人体舒适度的影响

公园由于自身的降温增湿作用，在测量日的高温时段还会表现出一定的降低不舒适度指数的作用。公园内在测量日 14：00 其不舒适度指数为 21.13，公园外最大的不舒适度指数为 22.26，通过表 2-2 可知，都属于小部分人感到不舒适的范围，但是相对于公园外部环境而言，其平均降低不舒适度指数为 0.7，最大值为 1.13，最小可降低 0.14。由于 DI 受到空气温度和空气相对湿度的综合作用，而温度和湿度都与测点到公园的距离密切相关，因此 DI 指标在进行回归分析时也与到公园的距离呈现极显著的相关性，随着到公园的距离增加，不舒适度指数也随之增加。对所有测点以及公园内测点都与距离进行回归分析，发现只有居住区内的回归方程拟合程度更好，R^2 可以解释 57.3% 的变量。这可能是由于测点会受到周围 150m 范围内的下垫面组成影响，而居住区中各测点在 150m 范围内的下垫面组成比较相似，街道上的测点其周围环境变化差异大，导致结果有所波动。本试验发现，在测量日 14：00 奥森的西部，以 500m 为一个居住区的单位，到公园的距离每增加一个居住区，不舒适度指数会增加 0.4。

由于不舒适度指数呈现社区 C 外、社区 C 和社区 B＞社区 B 和社区 A 外＞社区 A 外、社区 A 和社区 B 外＞公园内的状态。其中，社区 B 的舒适程度随高于社区 C，但差异不显著。(其中社区 ABC 按照离奥森远近排列，社区 A 离奥森最近)可推出奥森在测量日下午对不舒适度指数的影响大概在 1200～1600m 范围内，这与公园降温效益的范围基本一致。

本研究中还引入了另一个适用于北京的人体舒适度指标，该指标是由北京气象台发布的，其相关变量有 3 个，分别是空气温度、空气相对湿度以及风速。将该指标与温度、湿度和风速进行相关性分析，发现其与风速的联系更为密切。因此在 BJDI 的分析中其结果与风速的大小关系基本一致，但是风速因其波动较大，所以组间无显著差异。BJDI 指数的结果显示社区 C 外＞社区 C、社区 B、社区 A、社区 B 外、社区 A＞公园内。由于 BJDI 处于负等级状态，参考表 2-15 可知，舒适程度的排序为社区 C 外＞社区 C、社区 B、社区 A、社区 B 外、社区 A＞公园内。刚好与 DI 显示出的舒适程度呈现相反的状态，这是由于风速主导了 BJDI 的数值大小。由于水体引起风速增加，导致公园内舒适度指数降低，但由于气温决定其处于冷气候环境中，因此，舒适度指数越低，人体感觉越不舒适。

3 本底气候分析与设计策略

3.1 地区气候类型与设计策略

按照气温、湿度和太阳辐射状况，我国气候可概括为4种类型：干热气候、湿热气候、温和气候和寒冷气候。建筑室外绿地的设计应在适应各类气候特征的前提下，采用被动式设计手法，调节局地气候和建筑室外微气候，创造舒适的室外生活环境(表3-1)。

表3-1　气候类型及设计策略

类型	气候特征	建筑室外绿地设计策略
干热气候	＊阳光暴晒，眩光 ＊温度高，年较差、日较差大 ＊降水稀少，湿度低 ＊空气干燥，多风沙	＊最大限度遮阳 ＊利用水和植物的蒸发蒸腾降温增湿
湿热气候	＊温度高，年平均温度>18℃，年较差小 ＊湿度大，相对湿度>80% ＊降雨多，年降水量>750mm ＊阳光暴晒，眩光	＊最大限度通风 ＊遮蔽夏季阳光，允许冬季阳光
温和气候	＊季相明显，夏热冬冷，春秋温和 ＊月均温度波动范围大，-15~25℃ ＊气温年变幅-30~37℃ ＊风向风速多变	＊冬季最大程度争取日照 ＊夏季尽量提供遮阳 ＊冬季抵御寒风 ＊夏季引导通风
寒冷气候	＊冬季极寒冷 ＊多数月均温度<-15℃ ＊强风和暴风雪	＊最大限度利用阳光 ＊遮挡冬季寒风，保证夏季通风 ＊集中布置场地，减少户外交通时间

3.2 局地气候分析与设计策略

局地气候一般而言是指面积在10km²左右的城镇区及街区尺度。如何通过规划设计改善区域的微气候，应做如下工作。

3.2.1 分析环境背景条件

首先，针对气象要素(温度、日照、湿度、风)得出区域气候特征，开展热舒适性分析，明确区域热环境调控重点和调控需求。

其次，针对场地盛行风向、地形、已有通风廊道、城市热负荷分布、城市冷源分布，综合分析叠加出区域简易气候图，从而确定城市风道系统、日照、冷源、热源以及城市街区重点调控的区域。基于城市热岛效应缓解和舒适性改善为目标的用地空间布局及地块控制指标的确定奠定基础。

3.2.2 规划设计策略

(1)构建城市开敞空间与通风廊道。
(2)布控城市水绿空间网络体系结构。
(3)调控城市形态界面与开发强度布局。
(4)确定城市路网密度断面形式、路面材质。

3.2.3 规划设计调控技术

通过用地布局优化，通风廊道构建，开发强度控制，路网和街道形态布局以及水绿生态空间优化，有效调控局地微气候的舒适性。

3.2.4 规划管理方式

在城市规划中，明确城市热岛控制区、冷源控制区、通风控制区三个对城市热环境舒适有重要影响的区域，进而在城市总规和街区地块层面提出基于城市热环境改善的调控指标，包括支路网密度、绿地率、绿化覆盖率、水面率、绿地连通度、500m公园绿地覆盖率、不透水下垫面比率、屋顶绿化率等。

3.3 建筑外气候分析与设计策略

综合分析地形、绿地、水体等自然要素，以及街道布局、场地功能、建筑层高等要素。设置冷源通风廊道，采取南低北高、南点北条、南疏北密的建筑布局方式，形成开敞空间集中布置呈"绿心"状或沿夏季主导风向穿绕的"绿带"。

4 改善建筑外热环境舒适度的绿地设计技术

4.1 总体设计

依据气候分析和现状条件，结合阳光、风等关键气候要素优化建筑、绿地、道路和场地布局，趋利避害，提升室外环境舒适度。确定关键气候要素，有针对性的保证舒适度较差的季节集中活动时段的舒适性。重点关注通过室外绿地格局优化提升环境舒适度。强调与建筑相结合的绿化形式，把建筑当作绿化载体，构建多维度的复层绿化景观。注重多种景观元素的组合以产生更强的环境改善效果。通过合理规划，尽量减少硬质铺装面积。

4.1.1 现状保留和利用

现状质量较高的绿地往往具有更高的生态价值，在调节微气候方面的效能甚至更胜过新配置的植物群落。适当有效的保留和利用可以起到事半功倍的效果。首先，就土地来说，原生状态的未被封闭和压实的土地不仅能够提供生境、净化水质、吸收和储存碳，还可以吸收、保留和缓慢释放水分，不仅有利于植物的生长，还起到调节温、湿度，预防和缓解极端天气如暴雨和干旱危害的作用；其次，就植被来说，现状树木的保留，使其保持良好的长势，维持其降温增湿，调节微气候的作用；通过在其周边合理布置场地还可以利用现状植物群落起到挡风、引导风和遮挡噪声的作用。

4.1.1.1 现状树林

现状树林的保留和利用可分为 3 类：一是作为周边或内部的隔离带或缓冲带进行完全保留，仅对树林边缘进行改造提升，林内不设置游步道，或者仅设置维护用路，不建议人群进入；二是通过林相改造丰富植物多样性，尤其是地被植物，设置少量步道供人游赏和短时休憩；三是对林下空间进行整理，充分利用树林已经形成的良好的遮阴环境，塑造夏季凉爽的林下活动空间。

现状树林的利用必须建立在对土地和植被充分保护的前提下。为保证现状树林的土地和植被得到较好的保护，道路和场地的铺装面积宜小不宜大，尽量采用透水性铺装材料，或者架空处理，以减少建设和游憩活动对现状丛林的影响。

4.1.1.2 现状单株乔木

现状形态和长势较好的单株乔木应予以保留（图4-1）。对于冠幅较大的树木可以在树下设置场地和休憩设施。铺装和座椅设置以不影响树木根系为基本前提。铺装尽量采取透水铺装，座椅等小品的基础应与树木根系保持一定的距离，并且避免在施工过程中出现根系损坏、土壤被压实或堆放建筑垃圾等现象。如果现状树木属于古树名木和古树后续资源，应严格按照国家和地方的规章进行就地保留和保护，严禁砍伐或移植，维护其正常生长。

4.1.2　建筑布局

建筑群体和单体的布局、朝向、体形都会对日照和通风产生影响，从而形成独特的建筑外微气候，是决定建筑外环境舒适度的关键因素，同时也成为室外环境舒适度改善工作的本底。合理的建筑布局应该响应地区和局地太阳辐射、风的特征和变化规律，利用建筑自身及

图 4-1　安徽省绩溪博物馆"留树作庭"

其相互间的组合为室外提供足够的日照和适当的风速。然而，目前建筑气候学方面的研究大多关注建筑本体，旨在降低建筑能耗，创造适宜的室内热环境，而对建筑产生的外部环境效应，包括微气候环境却鲜有深入研究。结合建筑布局的室外环境舒适度改善的设计要点包括：

4.1.2.1　建筑外微气候分析与设计策略

建筑外微气候分析的主要元素包括日照和风。建筑对于光照的影响主要是由于建筑形成的阴影可能造成建筑外局部环境的日照时间的减少。不良的光照条件可能影响人的生理和心理健康以及植物的生长，因此，争取足够日照是场地选择和植物配置的基本前提。

《城市居住区规划设计规范》指出衡量光照条件的关键指标是日照时数，通常以大寒日和冬至日作为日照标准日，它的日照时数被设定为日照标准，采用低限方式（表4-1）。日照时数的多少对活动场地布局和植物配置都会产生重要影响。《城市居住区规划设计规范》对室外绿地和活动场地的日照条件进行了规定，包括居住区（含小区与组团）内组团绿地应满足有不少于1/3的绿地面积在标准的建筑日照阴影线范围之外；托儿所、幼儿园的活动场地则应有不少于1/2的活动面积在标准的建筑日照阴影线之外。

表 4-1　住宅建筑日照标准（《城市居住区规划设计规范》（GB50180-93），2002）

建筑气候区划	Ⅰ、Ⅱ、Ⅲ、Ⅶ气候区		Ⅵ气候区		Ⅴ、Ⅵ气候区
	大城市	中小城市	大城市	中小城市	
日照标准日	大寒日				冬至日
日照时数（h）	≥2	≥3			≥1
有效日照时间带（h）	8~16				9~15
计算起点	底层窗台面				

注：①建筑气候区划分应符合本规范附录A第A.0.1条规定。②底层窗台面是指距室内地平0.9m高的外墙位置。

设计师可以借助软件进行日照时数分析，包括 Sketch Up 和天正。Sketch Up 可以模拟出给定城市、日期、时段建筑外的阴影区域，天正软件的模拟成果则包括建筑阴影轮廓，建筑外环境的多点分析和等照时线等。考虑到人们户外活动对阳光的需求，场地适宜设置在阴影区域较小，阴影时长较短的区域。光照条件较差的区域可以配置耐阴植物或布置停车场等面积较大的开敞铺装场地。

4.1.2.2　建筑灰空间的利用

建筑灰空间指的是从室外公共空间向室内建筑空间过渡的、有顶面遮蔽的中间部分（马之

春，2007）。建筑灰空间的位置包括入口、檐下、中庭、外廊（门廊、凉廊）、底层架空层和空中花园等。灰空间是介于建筑内外的缓冲带，对于建筑有重要意义，例如杨思声（2011）关于闽南地区建筑外廊的研究发现，它不仅让人在建筑内能够有舒适的温度和湿度并且健康卫生，而且，建筑本身也能够在热带环境中经济性地对抗气候的破坏；其次，灰空间本身由于带有顶面、无墙体围合、遮阳、通风、防雨，具有气候缓冲带的功能。河南校园的实测研究发现，底层架空空间和室外连廊在夏季的降温、增湿效果显著，甚至优于庭院和屋顶绿化（杨芳绒等，2011）。将舒适度较高的灰空间与建筑外空间巧妙结合，可以丰富灰空间的使用功能，提升白天的利用率，同时也可以使建筑与其周边环境更加融为一体。底层架空空间可以成为城市广场的一部分甚至是全部，如巴西圣保罗艺术馆、巴塞罗那会议厅、西班牙马德里艺术中心等；它也可以成为底层花园，如深圳万科中心、法国巴黎盖布朗利博物馆底部架空空间。

4.1.3 绿地布局

4.1.3.1 绿化覆盖率宜>40%

一定用地范围内，应保证足够的绿化覆盖率。研究发现，居住区绿化如果要达到国家标准使环境温度降低 1.5℃以上，那么它的绿化覆盖率必须>40%。

4.1.3.2 绿地布局应均衡，且平均面积宜>200m²

绿地平均面积是描述绿地破碎度的指标。研究发现，外界温度 35℃，绿化覆盖率 35%～40%的居住区内，绿地平均面积小于 100m²，对居住区气温的降低基本无效。随着绿地平均面积的增加，绿地对居住区的降温能力越强。如果要达到国家标准要求居住区绿化能使环境温度降低 1.5℃以上，绿地平均面积需>200m²。

4.1.3.3 绿地布局应有利于导风

通过优化绿地布局促进空气流动，提升绿地调节微气候的有效范围。

4.1.3.4 绿地平面宜采用较舒展、周长较长的形状

绿地平面宜采用较舒展、周长较长的形状，如长方形、带形、条形、鱼骨形和变形虫形，以提升绿地的生态效益。

4.1.4 道路和停车场布局

4.1.4.1 道路系统规划，应符合下列规定

（1）根据社区规模、通行需求、管理模式，确定道路分类、分级、选线和断面。
（2）施行人车分流，尽量减少社区内车行道的面积。
（3）步行道布线宜与绿化景观相结合。
（4）道路周边宜结合景观布置低影响开发雨水设施。

4.1.4.2 停车场规划，应符合下列规定

（1）通过交通组织优化，尽量减少社区内部地面停车场面积。
（2）必要的临时停车位宜布置在社区边缘。除建筑北侧的阴影区外，建筑周边尽量减少露天地面停车位。
（3）停车场设计宜与绿化和低影响开发雨水设施相结合，增加地面遮阴，提升透水率。

4.1.5 活动场地布局

（1）应结合气候分析，依据使用人群在集中使用时段对阳光、风等元素的需求情况合理布局场地，确定场地的位置、朝向、面积、平面形态等，保证其能够享受一项重要的气候要素。

（2）应丰富场地功能提高利用率，以减少场地的数量和面积。

（3）场地选址宜与自然景观元素相结合，如坡地、水体、树林等，借助自然因素改善微气候，提升舒适度。

（4）安静休息区和喧闹区之间应利用地形或植物进行隔离。

（5）老年人活动场所宜靠近建筑出入口，减少户外步行时间。

4.1.6 声环境设计

室外声环境设计应符合现行国家标准《声环境质量标准》（GB 3096）的规定。应对周边的噪声现状进行检测，并应对项目实施后的环境噪声进行预测。当存在超标噪声源时，应采取下列措施：

（1）对固定噪声源应采用适当的隔声和降噪设施。

（2）对交通干道的噪声，应采取设置声屏障或降噪路面等措施。

（3）降噪设施宜与绿化或水景相结合，遮挡噪声源，引入植物或水体声景。

4.1.7 光环境设计

（1）应合理地进行场地和道路照明设计，室外照明不应对居住建筑外窗产生直射光线，场地和道路照明不得以直射光射入空中，地面反射光的眩光限制应符合相关标准规定。

（2）建筑外表面的设计与选材应合理，并应有效避免光污染。

（3）园林建筑及其他设施和铺装颜色在与环境协调的前提下，宜采用冷色或暖色提升使用者的心理舒适度。如夏季炎热地区可选用冷色，包括白色和纯度较低的复色如青灰、墨绿和栗皮色，给人阴凉、宁静的感觉；冬季寒冷地区可选用暖色，如纯度较高的红色和黄色，给人温暖的感觉。

4.2 地形水景设计

地形和山水格局一定程度上决定了场地的自然条件和微气候特征。地形调节微气候主要通过不同坡度、坡向对季节性太阳辐射和气流的影响来实现。水体调节微气候主要是通过蒸发影响城市水汽平衡，产生降温、增湿作用。另外，水体热容量大，具有一定保温作用，在冬季和夜晚的降温期具有增温效应；而在夏季和白天的增温期则具有降温效应。城区中较大规模的山地和水体往往成为冷岛。山地和滨水社区宜根据山水形成的微气候进行布局和设计；城市型社区则可以通过合理布局和设计微地形和小型水景起到改善局部舒适度的效果。山水布局和植物紧密结合，在改善微气候方面能够起到事半功倍的效果。

4.2.1 地形设计

4.2.1.1 因借地形布局

依据不同地形的生态特点，布置建筑、场地和配置植物（表4-2）。

表 4-2　不同地形共生的生态特点 (刘贵利 2002)

地形	升高的地势			平坦		下降的地势		
	丘, 丘顶	垭口	山脊	坡(台)地	谷地	盆地	冲地	河浸地
风态	改向	大风区	改向加速	顺坡风/涡风/背风	谷地风		顺沟风	水陆风
温度	偏高易降	中等易降	中等背风坡高热	谷地逆温	中等	低	低	低
湿度	小, 易干旱	小	小, 干旱	中等	大	中等	大	最大
日照	时间长	阴影早时间长	时间长	向阳坡多, 背阳坡少	阴影早差异大	差异大	阴影早时间短	—
雨量	—	—	—	迎风雨多, 背风雨少	—	—	—	—
地面水	多向径流小	径流小	多向径流小	径流大, 冲刷严重	汇水易淤积	最易淤积	受侵蚀	洪涝洪泛
土壤	易流失	易流失	易流失	较多流失	—	—	最易流失	—
动物生境	差	差	差	一般	好	好	好	好
植被多样性	单一	单一	单一	较多样	多样	多样	—	多样

4.2.1.2　地形与风环境

(1)在冬季主导风的上风向或建筑形成的"风道"或"风口"布置凸面地形、脊地或土丘以阻挡寒风或强风入侵场地。

(2)在夏季主导风的上风向设置谷地、洼地或马鞍形空间, 引导气流, 并利用"漏斗效应"或"集中作用"增强风速。

(3)常年多风地区可采用微地形降低地面风速。

4.2.1.3　地形与太阳辐射

(1)坡向选择, 根据场地和植物对太阳辐射需求量的差异, 选择不同的坡向, 包括全日向阳坡(东南坡、南坡、西南坡)、半日向阳坡(东坡、西坡)或背阳坡(西北坡、北坡、东北坡)。向阳坡四季都能接受阳光直射, 一年中大部分时间可以保持较温暖、宜人的状态。

(2)坡度设计, 坡度大小影响坡面接收太阳辐射的强度, 因此, 坡度可以根据场地对太阳辐射需求量的差异进行设计。地面与太阳射线越垂直, 接收太阳辐射越强, 表面温度越高, 相反, 夹角越小接收太阳辐射越弱, 地面温度越低。

4.2.1.4　地形与声音

利用地形消减噪声, 扩大活动场地与噪声源的平面和竖向距离, 或利用地形遮挡和屏蔽噪声。

4.2.2　水景设计

4.2.2.1　因借大型水体布局

大型水体的水陆温差有利于形成水体和陆地之间的局地环流, 调节气候。滨水环境设计应遵守以下原则:

(1)风速较低时, 滨水区降温、增湿效果不明显; 当风速达到 2 级时, 与无风状态下相比, 降温及增湿量可增加 25% 及 50% 左右, 因此, 水体周边预留足够的开敞空间, 保证一定的空气流动速度, 以提升水体的降温增湿效果。

（2）夏季水体的上风地带不宜布置挡风的构筑物或防风林，以免降低水体降温增湿作用。

（3）水体调节气候作用随着滨水距离的增加而减弱。场地设置宜靠近水岸并选择舒适度较高的区域。研究发现，没有植物绿化的情况，临水距离 10~12m 的区域较舒适，有绿化的条件下，距离水体 14m 左右的区域最舒适。另外，水体调节气候作用对下风向的影响范围比上风向大，因此，可在水体下风向布置活动场地。

（4）滨水设置绿地并注意遮阴，可以增强降温增湿效果，提升夏季舒适度。

4.2.2.2 合理布局小型水景

（1）在夏季盛行风的上风地带设置水景，利用空气流动促进水分蒸发提升降温增湿效果，同时水体也可为热风降温。

（2）结合建筑出入口和窗户设置水院，利用水体降低空气温度，形成凉爽的庭院环境。

（3）水体布局宜与绿地相结合，以增强水体的降温增湿效应。

（4）为促进水的调温作用，可以将水体与地下水相连。

4.2.2.3 动态水景

（1）可采用喷泉、跌水等动态水景，促进水分蒸发，提高水体的降温效果。

（2）宜在活动场地布置动态水景如喷泉、跌水等，潺潺的水声可以让人们在炎热夏季感到清凉。

（3）可设置安全的戏水池等参与式水景观，使人们在夏季可以通过戏水得到降温。

4.3 种植设计

植物是提升建筑室外环境舒适度的关键因素之一。首先，它们通过遮阳和蒸腾作用发挥降温增湿的效果；其次，植物群落还可抵御寒风、引导微风；再次，植物群落可降低噪声，引入鸟鸣等自然声景，释放香气，满足人们心理层面的舒适感；还有，绿化和建筑体的结合，包括遮阴和立体绿化等，在提升室外舒适度的同时，减少了建筑外露面积，促进建筑节能。因此，种植设计应在气候分析的基础上，根据植物与道路、场地、建筑的关系，通过优化植物布局，合理选择植物种类和配置植物群落，最大程度地发挥植物改善微气候的功能。

依据总体布局和建筑室外日照和风环境分析设计室外空间绿化。室外绿地应以植物景观为主，并结合建构筑物的屋顶、墙体、沿口布置立体绿化。

4.3.1 一般原则

4.3.1.1 植物种类选择

植物种类的选择，应遵守下列原则：

（1）选择适应当地气候和室外微气候条件的种类。

（2）选择耐性强、低维护的植物种类。

（3）能够满足不同季节和时段微气候改善需求的种类。

4.3.1.2 温湿调节型植物群落

温湿调节型植物群落，应遵守下列原则：

（1）在一定比例结构搭配的乔—灌—草型绿地中，提升乔—灌两个冠层绿量，可以增强降温效果。

（2）乔木的遮阴和蒸腾作用是群落中发挥降温效应的主要因素，提升群落的郁闭度（>0.6），可以显著提高降温增湿效果。

（3）树林对周边的降温效应较灌丛和草坪强度强，且在垂直和水平方向上影响更高、更远，因此，可以利用树林形成冷岛，影响局地环流，改善微气候。

（4）树林内部舒适度优于其他类型绿地，其最高气温低于周边，最低气温则高于周边。这一现象在夏季表现尤为显著，因此，夏季白天的活动空间适宜布置在林下。

（5）树林冠层高度对太阳辐射强度和林下空气流动有显著影响，冠层越高，林下温度越低。

（6）对于同时需要夏季遮阴和冬季采光需求的区域，夏季遮阴树宜选用落叶树。

（7）在没有日光遮挡的区域，植物改善夏季微气候的效果明显高于阴影区域。因此，植物群落宜布置在无日光遮挡的区域，以最大程度发挥降温调湿作用。

4.3.1.3 风环境调节型植物群落

风环境调节型植物群落，应遵守下列原则：

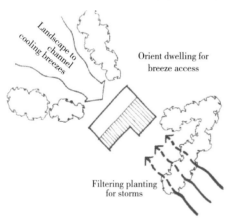

图4-2　植物群落防风和导风设计示意图

（1）防风设计，在冬季盛行风上风向种植防风植物带，减少寒风或对活动场地的侵扰；依据建筑室外风环境分析，在"风道"和"风口"位置种植防风植物，减少大风可能对室外活动的干扰（图4-2）。

（2）导风设计，在夏季盛行风和周边绿地或水体凉风的来风向，利用植物群落形成漏斗式，或者在绿带中布置通透性高的松散种植，引导夏季凉风进入场地；增加粗糙度较小的草坪与其他地被物的占比，有利于夜间冷空气生成与空气流动（图4-2）。

（3）依据防风需求确定防风林的群落结构，主要包括三种类型：紧密结构：群落由主要树种、辅助树种和灌木3层林冠组成，纵断面结构紧密，一般风通过面积<5%；稀疏结构：由主要树种、辅助树种或灌木组成的3层或2层林冠，纵断面结构较紧密，可通风透光，且孔隙分布均匀，允许部分风通过林带；透风结构：由主要树种、辅助树种或灌木组成2层或1层林冠，上部为林冠层，密不透光或有较小而均匀的透光孔隙，下层为树干层，有均匀的栅栏状大透光孔隙，部分风可从下层通过，且风速可能增强。

4.3.1.4 声景营造型植物景观

声音景观的营造，应遵守下列原则：

（1）通过绿化引入令人舒适的自然之声。采用吸引鸟类的植物配置模式，将鸟声引入社区。

（2）种植竹林、松林、芭蕉和荷花等，营造松竹听风、蕉荷听雨的园林意境，让人们通过听和看感觉到风的存在。

（3）利用以乔灌木为主的复层植物群落屏蔽和消减令人心烦的生活、生产和交通噪声。

4.3.1.5 芳香型植物景观

芳香景观的营造，应遵守下列原则：

（1）根据使用功能，选择气味类型相协调的芳香植物，例如热闹场所应使用浓香型的玫瑰、百合等，安静休闲区则应种植蜡梅、山茶等，发出令人镇静的香气。

(2)充分发挥芳香植物地上部分的香味，除花朵外，还有果、干、枝和叶等。

(3)控制香气浓度，不宜大量种植香味特别浓烈的植物。

4.3.1.6 喷灌设计

喷灌设计，应遵守下列原则：

(1)应根据气候、地形、土质和植物进行设置。

(2)喷灌设施宜布置在遮阴环境中，节水的同时可以提升绿地的降温增湿效果。

(3)绿地喷灌可以帮助应对夏季高温热浪，但不适用于湿度较高的环境。

4.3.2 户外活动集中场所

4.3.2.1 依据场所使用时段配置植物群落

依据场所活动时间配置植物群落，应遵守下列原则：

(1)白天活动场所夏季乔木遮阴面积宜大于活动范围的50%。

(2)选择冠层高的树林布置林下活动场地，形成较舒适的风环境和温湿环境。

(3)傍晚活动场地宜布置疏林草地式、草坪式绿地。

4.3.2.2 依据场所主要观景季节配置植物群落

依据场所主要观景季节配置植物群落，应遵守下列原则：

(1)夏季观景场所的植物配置，冠层高，树冠浓密，有利于遮阳和通风；有条件的情况下，可以与水体相结合。

(2)冬季观景场所的植物配置，借助常绿树和灌木为场地遮挡寒风，避免植物遮挡日照。

4.3.2.3 场地遮阴设计

游憩场地宜选用冠型优美、形体高大的乔木或立体绿化方式进行遮阳，采用落叶型植物以满足冬季纳阳需求。

4.3.2.4 道路绿化

道路绿化，应遵守以下原则：

(1)城市道路种植设计，应注意遮阴设计，树冠覆盖率达到25%以上。

(2)步行道宜与绿地相结合，穿过不同植物空间，如密林、疏林、草地等，给行人别样的体验，适应各季节的不同时段。

(3)夏热冬冷地区遮阴树应以落叶树为主，保证冬季阳光照射道路。

(4)道路周边结合低影响开发系统设置植草沟等设施。

4.3.3 建构筑物

4.3.3.1 遮阴设计

(1)在建筑物东、南、西侧布置落叶树，对屋顶和墙面进行遮阴，减少夏日阳光对建筑墙面和室内的照射，降低制冷能耗；同时，保证冬季阳光能够照射到建筑外墙和室内，减少供暖能耗。

(2)根据遮阴需求选择合适的植物种类，考虑因素包括冠层高度、冠幅和树叶密度等。

冠层高的树木可以为建筑屋顶和大多数墙面提供遮阴。

（3）为尽快实现预期的遮阴效果，可加大苗木规格，或设置花架和爬藤植物。

（4）常绿树应尽量远离建筑的受光面，以免影响冬季采光。

4.3.3.2　屋顶绿化

（1）新建和改、扩建的高度不超过50m的公共建筑，遵守建筑规范适宜屋顶绿化的，应当实施屋顶绿化，以降低屋顶表面温度，减少建筑外露面积，保护屋顶结构免受表面温差破坏。

（2）根据屋顶的形式和结构特征，屋顶绿化的使用功能和栽培养护需求，屋顶绿化可分为3种类型：粗放式屋顶绿化：采用以景天科植物为主的地被型绿化。构造层厚度仅为5~15(20)cm，低养护，免灌溉，适用于大多数平面和坡面屋顶；精细式屋顶绿化：也称屋顶花园，以植物造景为主，采用乔—灌—草复层植物配置，设置园路、小品供人游憩。需要常态养护和灌溉；半精细式屋顶绿化：介于粗放式和精细式之间的一种形式。以耐旱地被、低矮灌木或藤蔓类植物为主进行绿化。需适时养护，及时灌溉。

（3）屋顶绿化的设计、建设和管理应遵守相关规范。

4.3.3.3　垂直绿化

（1）包括建构筑物墙面、围墙和桥柱绿化等。

（2）根据立地条件，垂直绿化的形式包含爬藤式、骨架式、模块式、铺贴式等。

（3）攀缘植物依照墙体附着情况确定。

4.3.3.4　沿口绿化

沿口绿化，软化硬质景观的同时起到降温增湿作用，应遵守下列原则：

（1）在公共建筑受光面的走廊、阳台外侧，高架桥和人行天桥两侧，还有河道（硬质驳岸）外侧可以设置沿口绿化。

（2）植物宜选用耐性强、低维护的品种。

（3）采用可悬垂的藤本植物可进一步提升绿量。

4.4　道路及铺装场地设计

铺装对城市热环境产生重要影响，是造成城市热岛的主要原因之一。铺装热容量大，白天吸收太阳辐射，使地面温度升高，夜晚释放热量，使城市夜晚气温显著高于郊区；另外，铺装的不透水性阻断水分循环，减少气化热，加剧城市热岛。降低路面温度是降低气温、缓解热岛效应的直接有效办法。决定铺装地面温度及其对周边影响的主要因素是它的面积、热属性和遮阴状况。因此，道路和铺装场地设计除了满足使用功能和景观需求外，为改善环境舒适度，应尽量控制铺装面积，增加遮阴，选择"冷型"铺装材料。

4.4.1　道路设计

4.4.1.1　道路断面设计

道路断面设计，依据总体设计，在保证基本通行功能的前提下，尽量减少使用频率较低道路的铺装面积，具体措施包括：

（1）参照相关规范的下限指标确定车道和人行道的宽度。

（2）车道采用隐蔽式设计，即在原则幅宽的车道内种植不妨碍车辆通行的草坪或嵌草铺装，以减少铺装地面，增加绿化面积。

结合交通稳静化设计，增加绿化用地，种植遮阴乔木，提升道路的树冠覆盖率。

4.4.1.2 生态停车场

（1）种植乔木或搭设藤本植物棚架为地面提供遮阴（图4-3，图4-4）。新建地面停车场的乔木树冠覆盖率应>30%。

（2）依据使用频率确定停车位铺装设计和材料类型。使用频率较高的车位应采用耐磨性较好的透水铺装，使用频率较低的车位可选用"凹"字形，减少铺装增加绿地，或整个车位采用嵌草铺装。

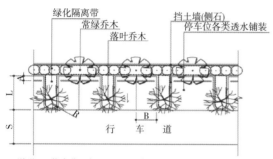

说明：1.停车位一侧以及2~3个车位之间有绿化隔离带。
2.绿化隔离带形式包括草坪隔离带、绿篱隔离带以及花灌木、地被隔离带三种。
3.此图示意的是花灌木、地被隔离带形式。
4.挡土墙高度根据周边环境而定。

图4-3 树阵式林荫停车场示意图

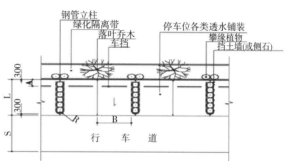

说明：1.棚架的形式和材质根据周边环境而定。棚架的高度根据具体车型而定。
2.此图示意的是钢管材质的棚架，适合中小型车的棚架。
3.挡土墙高度根据周边环境而定。

图4-4 棚架式停车场示意图

（3）路边停车场宜采用港湾式设计，靠近人行道一侧配置植物。

4.4.2 铺装场地设计

4.4.2.1 铺装场地面积确定

场地面积的确定，在容量计算的基础上，依据使用频率确定活动场地的铺装面积。使用频率高的场地采用硬质铺装，使用频率低的场地可采用嵌草铺装、疏林草地或开敞草地等形式。

4.4.2.2 居住区户外活动场地

（1）游憩场地宜有遮阳设施，夏季庇荫面积宜大于游憩活动范围的50%。居住区户外活动场地夏季的遮阳覆盖率不应小于表4-3的规定。当遮阳覆盖率偏低时，太阳辐射将会诱发环境过热，从而加剧居民户外活动的热安全风险。遮阳比率具体规定引自《城市居住区热环境设计标准（JGJ 286—2013）》。

表4-3 居住区活动场地的遮阳覆盖率限制（%）

场地	建筑气候区	
	Ⅰ、Ⅱ、Ⅵ、Ⅶ	Ⅲ、Ⅳ、Ⅴ
广场	10	25
游憩场	15	30
人行道	25	50

(2)户外活动场地和人行道路地面应有雨水渗透能力,居住区地面渗透和蒸发指标不应低于表4-4的规定。确保居住区户外活动场地和人行路地面具有雨水渗透与蒸发能力,是硬化地面被动降温、提高居民户外活动场地环境舒适性的有效措施。此外,渗透地面还能减少居住区排水系统压力,且雨雪后不易打滑,能确保居民活动安全。地面的渗透和蒸发规定内容引自《城市居住区热环境设计标准(JGJ 286—2013)》。

日本从1973年推动透水铺装,至1999年,日本累计铺筑了1000万 m² 以上的透水铺装。德国提出了一项要把城市80%的地面改为透水地面的计划,即在城市和乡村铺设透水路面,像人行道、步行街、自行车道、郊区道路等承载不大的地方,采用透水地砖。

表4-4　居住区地面的渗透和蒸发指标

地面	Ⅰ、Ⅱ、Ⅵ、Ⅶ建筑气候区			Ⅲ、Ⅳ、Ⅴ建筑气候区		
	渗透面积比率 β(%)	地面透水系数 k(mm/s)	蒸发量 m [kg/(m²·d)]	渗透面积比率 β(%)	地面透水系数 k(mm/s)	蒸发量 m[kg/(m²·d)]
广场	40			50		
游憩场	50	3	1.6	60	3	1.3
停车场	60			70		
人行道	50			60		

4.4.2.3　开敞场地舒适度改善措施

大型无遮挡铺装场地舒适度改善,应遵守以下原则:

(1)场地长边宜与夏季盛行风向相同,或与城市公园绿地相连,形成风廊,促进空气流动,尤其是夜间冷空气的生成与流动。但应避免与冬季盛行风向相同。

(2)在场地两侧设置林荫游憩空间,为白天活动提供舒适的室外环境。

(3)在有条件的情况下,场地周边可设置面积相当甚至更大的绿地(包括屋顶花园)或水体,有利于形成局地环流,改善小气候。

(4)在场地中设置动态水景,改善夏季室外活动的舒适度。

4.4.2.4　老人活动场地

老人活动场地设计,应遵守下列原则:

(1)依据老人活动内容和时段设计铺装场地,保证集中活动时段的环境舒适度。

(2)老人活动场地应保证一年四季都有一定的阳光照射。

(3)冬季寒冷地区,老人活动场地需保证冬季拥有充足的日照,并注意防风设计,消减寒风对场地的侵袭。

(4)夏季炎热地区,采用遮阴措施提升老人下午活动场地的环境舒适度。

(5)栽植树木的场地必须采用透水、透气性铺装材料。

4.4.3　铺装材料选择

4.4.3.1　冷型铺装材料

采用冷型铺装材料,降低地面温度,应遵守以下原则:

(1)提高铺装材料反射率,减少热量吸收,降低地面温度。反射率宜控制在0.3~0.5,且避免眩光对室外活动的干扰;在沥青路面铺设热反射涂层,可显著降低地面最高温度约15℃。

(2)选择适当的铺装颜色，不同颜色地面温度从低至高依次为白色、灰色、红色、绿色、棕色和黑色。

(3)选择适当的铺装材质，各种材质铺装的表面温度从低至高依次为大理石、马赛克、卵石和砾石混合、水泥、花岗岩和沥青。

(4)选择适当的面层做法，光滑和平整的表面比粗糙和浮雕式表面温度要低。

(5)透水性铺装材料，密度小，储存热量少；透水、透气且与土壤连通，吸收水分和水分蒸发过程中可吸收热量，相较普通铺装地面温度低。

(6)采用保水性铺装材料，可长时间稳定地发挥蒸发冷却效果，较透水性铺装的降温效果更显著和持久。大面积的保水性铺装可形成低温区，起到消减城市热岛的作用。

4.4.3.2 嵌草铺装

采用嵌草铺装，透水、透气并增加绿化，地面温度相较普通铺装低。可用于使用频率较低的道路、活动场地和停车场。

4.4.3.3 防滑铺装

多雨雪、地面湿滑地区的铺装材料须考虑防滑功能。

4.5 园林建筑和小品设计

园林建筑及其他设施为室外活动提供必要的游览、休憩、导引和防护服务，其布局和设计直接影响户外活动的舒适度。一方面，通过合理布局设置为人们提供直接的庇护，以抵御太阳辐射、强风、降雨等；另外，通过朝向、体量、空间组合、造型、材料、色彩的精心设计可以营造舒适的微气候；最后，建筑及其他设施作为硬质景观应与植物、水体等软质景观相结合，在调节舒适度方面可以发挥事半功倍的效果。

4.5.1 园林建筑设计

4.5.1.1 考虑观赏季节的建筑设计

(1)建筑物的位置、朝向、体量、空间组合、造型、材料、色彩及其使用功能，应符合总体设计的要求，并考虑观景季节和使用时段的气候特征。

(2)建筑布局，应与绿地中其他景观元素有机融合，借助树木、水体、山体、庭院等改善微气候的能力营造舒适游憩环境。

(3)建筑设计，应考虑赏景季节和天气的气候特点，如开敞型建筑，通透性较强，适宜夏日赏景，而围合性较好的建筑可以挡风聚暖，适合寒冷季节或风雨天游憩。

4.5.1.2 亭廊布局与设计

亭廊的布局和设计，应满足遮阴和避雨功能，为人们营造舒适的户外活动环境。

4.5.2 小品设计

4.5.2.1 花架设计

花架设计，应遵守以下原则：

(1)根据遮阴需求设计花架顶部格栅，夏热冬冷地区可以依据太阳高度角角度确定格栅

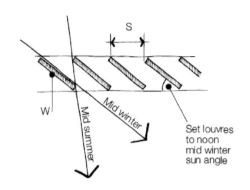

图4-5 依据太阳高度角确定格栅角度示意图

的水平夹角，使其遮挡夏季高角度日照，同时允许冬季低角度日照照射活动区域。格栅间距是格栅宽度的75%（图4-5）。

（2）根据遮阴需求选配攀缘植物对花架顶部进行绿化。夏热冬冷地区宜采用落叶植物。

4.5.2.2 景墙设计

景墙设计，应遵守以下原则：

（1）利用实墙围合空间，遮挡冬季寒风，形成温暖的内部空间。

（2）在实墙上布置漏窗（或花窗）起到通风作用。

（3）利用镂空墙分隔空间，有利于夏日通风和采光。

（4）墙体采用反射热量的材料，粗质地和冷色材料，以降低墙面温度。

（5）与水景和植物相结合，设计跌水墙或绿墙，发挥降温增湿作用。

（6）在噪声源和场地之间设置隔音墙消减噪声干扰。

4.5.2.3 座椅设计

座椅设计，除了满足观景和休憩需求外，为提升舒适度，应遵守以下原则：

（1）夏季凉爽的座椅，宜布置在与夏季盛行风向垂直的方位，或水边，靠背采用开放式有利于通风；设置在有遮阴的地方，如大树下，花架或其他遮阴构筑物内。

（2）冬季温暖的座椅，座椅宜朝向冬季阳光最强的方向，以最大限度地接受光照，后背抬高以遮挡寒风，或将座椅布置在不受寒风侵扰的区域。

（3）选用木质或石质饰面，尽量避免金属饰面。

4.5.2.4 土石景观设计

土石景观设计，利用土石材料较好的热惰性调节室外环境舒适度，应遵守以下原则：

（1）利用土石材料构建夏季凉爽的户外活动场地，包括石室或沟壑式步道，应有通风、采光和排水的措施，并保证游憩和通行安全。

（2）与种植设计相结合，注重植被覆盖和遮阴，增强调节温湿度的效应。

（3）与水体设计相结合，增强降温增湿效应，利用水声给人清凉的感觉。

5 示范与评价

5.1 基本流程

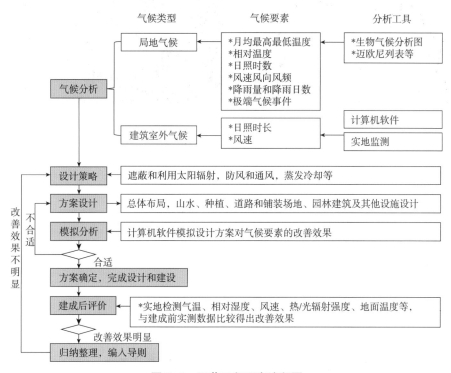

图 5-1 示范工程研究流程图

5.2 北大方正医药研究院示范项目

5.2.1 项目概况

方正医药研究院项目位于北京市北大生命科学园二期南部中央地块，是海淀稻香湖金融服务区的发展项目之一。北大生命科学园东临京包高速、八达岭高速公路，南接北清路，西至规划京包快速路，北连玉河南路及南沙河风景区。

本项目一期用地面积为 9.4hm^2，景观面积为 7.2hm^2，示范工程景观设计内容主要包括：景观总平面设计、铺装设计、种植设计、景观小品设计以及水景、喷灌系统、景观照明系统设计等。

5.2.2 基址分析

基址位于城市中心西北方向,西山环抱之中,是新兴科技产业之地。优美而宁静的田园风光,俊秀的自然山体,蜿蜒的沙河和多个郊野公园,为方正医药科技园提供了一个良好的生态大环境(图5-2、图5-3)。

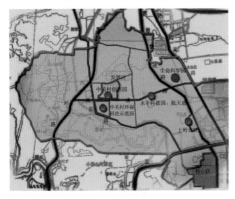

图5-2 基地区位图

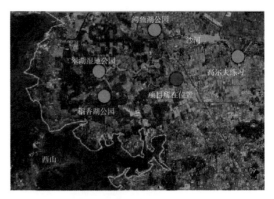

图5-3 基地周边环境分析图

建筑阴影对室外环境的光照条件具有重要影响,不良的光照环境会导致植物景观的预期效果无法实现,同时影响使用者的心理感受,因此对于建筑光环境的分析非常重要。本项目采用 Sketch Up 软件建立场地内建筑模型,分别对夏至日与冬至日的早、中、晚三个时间段进行建筑阴影分析。通过对一年中不同时段的建筑阴影分析,为确定户外活动场地位置与植物的种植设计提供科学依据,其位置应位于建筑阴影区域较小与阴影时长较短的区域,如场地东西轴线与南北轴线区域。而对于建筑围合紧密的庭院区域,光照条件较差,在植物品种选择上需要考虑耐阴植物(图5-4、图5-5)。

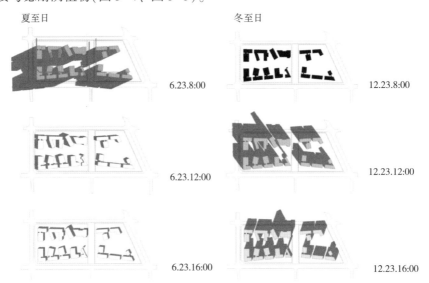

图5-4 建筑布局光环境分析

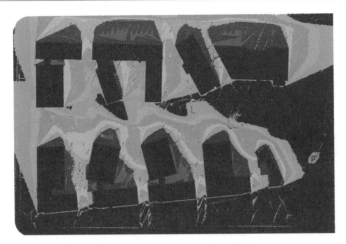

图5-5 建筑大寒日日照时数图

5.2.2.1 建筑环境本底信息

北大方正医药研究院项目在建筑整体布局上划分为临街的外向空间与内部的庭院空间。建筑临街界面与外界联系紧密，采用平整的直线形式，空间上较开放，主要解决出入口交通集散与地面停车功能。建筑内向空间界面较为曲折，围合出多个院落空间，强调庭院的私密性(图5-6)。

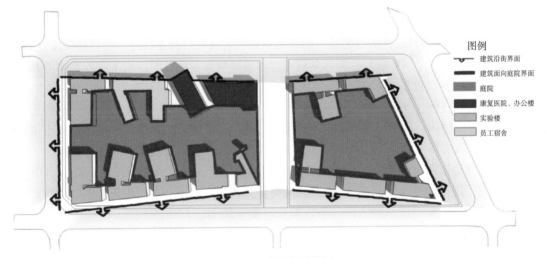

图5-6 建筑布局分析

基址内的建筑主要是多层建筑。对于建筑层数的分析，有助于在室外环境设计中对场地比例尺度的把握。建筑功能多样，主要有实验楼、员工宿舍楼、康复医院等，进而对建筑室外环境的功能要求也不同(图5-7)。

5.2.2.2 本底环境模型模拟

(1)模型的建立及描述

对本项目的模拟分析，分为3个阶段：

阶段一：局地气候分析——分析北京当地的气候条件，通过焓湿图判读和资料查询，确定场地所处的局地气候的基本特征和条件，选择有针对性的气象条件；

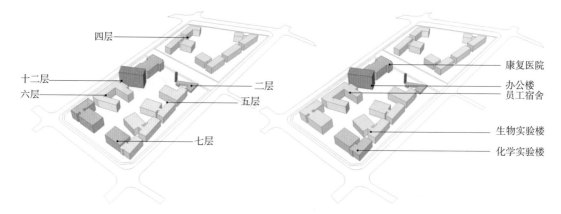

图 5-7　建筑层高及类型分析

阶段二：本底模拟与建议——基于项目未布设景观要素时的状态，主要针对建筑群和草坪进行模拟，并提出景观布设的建议，此状态可认为是满足绿地率要求的基础状态；

阶段三：设计模拟与评价——项目设计的各类绿化措施，如雨水花园、透水铺装、植被缓冲带、屋顶及墙面绿化等，并导入树木健康成型，绿地土壤处于饱和含水量，提出舒适度改善程度的量化评价。

其中，阶段一采用 Ecotect 的 WeatherTools 工具，采用由美国能源署网站提供 305 个中国城市的逐时气候数据；阶段二、三的模拟计算，采用两种基于 CFD（计算流体力学）的模型，其一为 Fluent 系列的 Airpak，其二为 ENVI-met 软件及在此基础上二次开发的舒适度评测软件 ENVI-set+。选用这两种软件的原因是：前者为业界较为通行的商业软件，业界接受度比较高，是评测建筑布局普遍采纳的软件。但针对树木等景观柔性元素模拟时，通常以规则实心几何体近似替代多层次多尺度的树叶枝干等，则造成偏差。而 ENVI-met 软件，由德国的 Michael Bruse 所开发，其针对绿植、水面、屋顶绿化等景观元素，可采用一维收敛叶片面积模型来描述植株这类复杂物体，而且具有热辐射计算模块，能综合考虑长波、短波辐射，水体土壤和叶片蒸发等，与真实环境具有较佳的一致性，选取作为评测本项目景观部分的计算核心。

本项目场地东西宽约 450m，南北长约 380m，最高点 33m。采用预设网格法对本项目进行建模描述，每个网格空间尺度为 2m，总网格规模为 245×215×30。图 5-8 和图 5-9 为本底模拟时设定的模型平面图和加入设计条件模拟时的平面图。

（2）局地气候条件

北京属暖温带半湿润半干旱季风气候。年平均气温，平原地区为 11~13℃，海拔 800m 以下的山区为 9~11℃，高寒山区在 3~5℃。年极端最高气温一般在 35~40℃之间。年极端最低气温一般在-14~-20℃之间，1966 年曾低到-27.4℃（大兴东黑堡）；高山区低于-30℃。7 月最热，月平均气温：平原地区为 26℃左右；海拔 800m 以下的山区为 21~25℃。1 月最冷，月平均气温：平原地区为-4~-5℃；海拔 800m 以下山区为-6~-10℃。气温年较差为 30~32℃。

北京地区有三条风带。西部风带为永定河谷一带，该风带由河北怀来，经官厅水库入门头沟西北界，顺永定河经雁翅、三家店出山；西北部风带从延庆康庄沿关沟至南口入平原；东北部风带从古北口沿潮河，经密云水库入平原。虽然三条风带都汇入平原，但背风处风速偏小，如山的南坡、十渡、百花山、云水洞等处；迎风处相对风速较大，如八达岭长城、司马台、金山岭等处。北京的风速平均在 25m/s 左右。1956 年 6 月 4 日，北部山区最大风速曾到 40m/s，相当于 13 级风力。北京的冬春季多风，夏秋季无大风，全年风频风速图如图 5-11 所示。

北京年降水量空间分布不均匀，东北部和西南部山前迎风坡地区降水量较大，在 600~700mm 之间，西北部和北部深山区少于 500mm，平原及部分山区在 500~600mm 之间。夏季降水量约占年降水量的 3/4。夏季降水空间分布与全年类似：东北部和西南部山前迎风坡地区降水量较大，在 450~500mm 之间，西北部和北部深山区少于 400mm，平原及部分山区在 400~450mm 之间。

针对室外环境的热舒适度，选择冬、春、秋、夏各一日进行模拟，采用这 3 个典型日的气温、直接辐射、间接辐射、云量的逐时数据。

对本底气候数据，采用焓湿图方法进行分析判读，图 5-15 是本项目的焓湿图及各舒适区的分析结果。

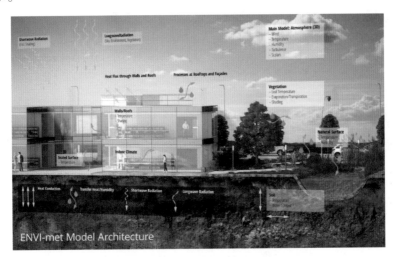

图 5-8　ENVI-met 模型所考虑的各种景观热过程

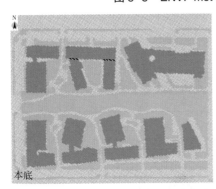

图 5-9　在 ENVI-met 中建立的本底模型与设计模型

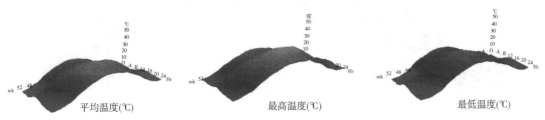

平均温度（℃）　　　　　最高温度（℃）　　　　　最低温度（℃）

图 5-10　北京逐日平均温度、最高温度与最低温度统计图

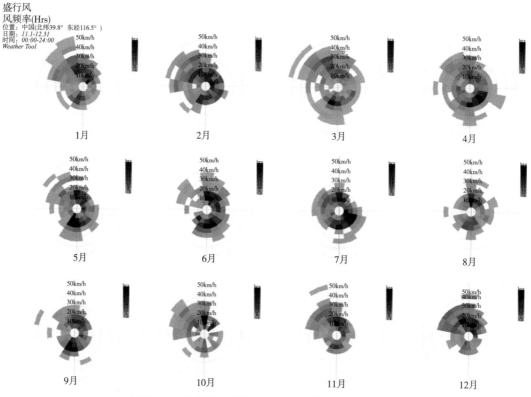

图 5-11　北京各月风速、风向、风频三参数统计图

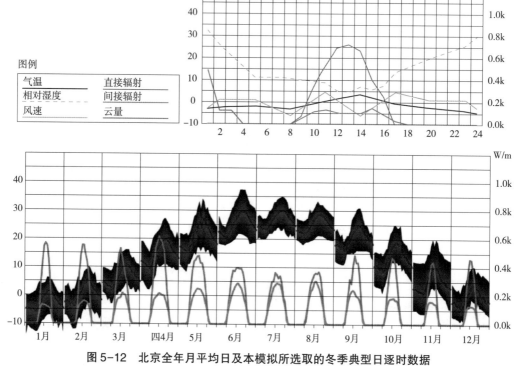

图 5-12　北京全年月平均日及本模拟所选取的冬季典型日逐时数据

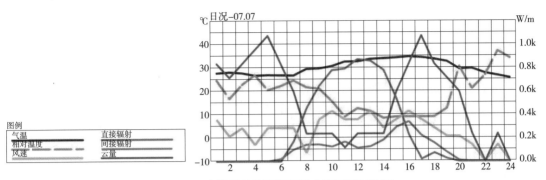

图 5-13 本模拟所选取的夏季典型日逐时数据

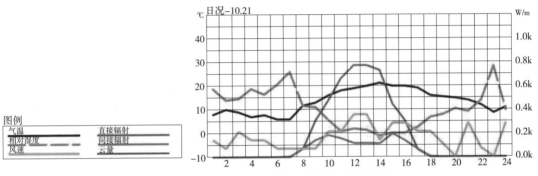

图 5-14 本模拟所选取的春秋季典型日逐时数据

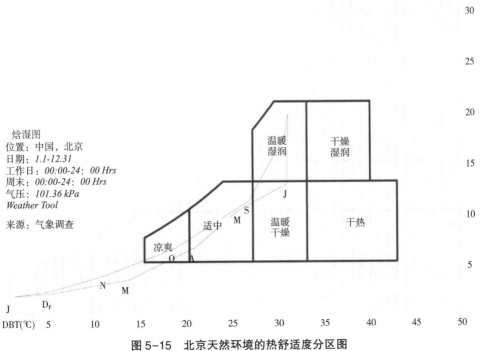

图 5-15 北京天然环境的热舒适度分区图

（3）本底模拟分析

模拟结果：

本底模拟采用 K-Epsilon 算法，对 7 月 7 日 12：00、1 月 22 日 6：00 和 9 月 15 日 9：00 三个时段进行模拟，代表夏、冬、春秋 3 个季节，模拟的内容包括：风速、压力扰动、温度、直接短波辐射、散射短波辐射、相对湿度等 6 项。然后再代入回归公式，推求计算得到湿黑球温度 WBGT(Wet Bulb Globe Temperature)、生理等效温度 PET(Physiological Equivalent Temperature)和标准有效温度 SET * (Standard Effective Temperature)等 3 种比较经典的室外舒适度分析数值。

用最小二乘法做 WBGT 与干球温度、相对湿度、太阳辐射和风速的多元线性回归，得到回归方程：

$$WBGT = 1.159Ta + 17.496Rh + 2.404 \times 10^{-3}SR + 1.713 \times 10^{-2}V - 20.661$$

式中，Ta 为空气干球温度，℃；Rh 为相对湿度；SR 为总太阳辐射照度，w/m²；V 为风速，m/s。

标准化回归方程为：

$$WBGT = 1.439 Ta^* + 0.75Rh^* + 0.27SR^* + 0.005V^*$$

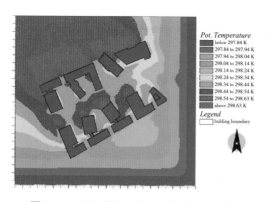

图5-16　项目本底温度图(7月7日12时)

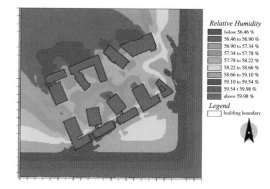

图5-17　项目本底相对湿度图(7月7日12：00)

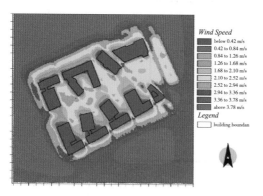

图5-18　项目本底风速图(7月7日12：00)

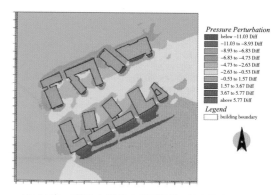

图5-19　项目本底压力扰动图(7月7日12：00)

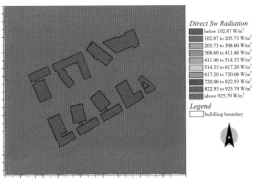

图 5-20　项目本底直接短波辐射图(7 月 7 日 12∶00)

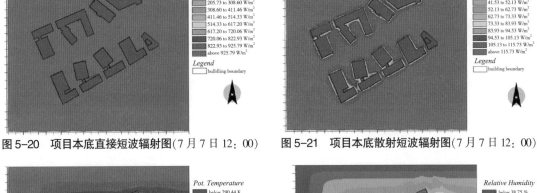

图 5-21　项目本底散射短波辐射图(7 月 7 日 12∶00)

图 5-22　项目本底温度图(11 月 15 日 12∶00)

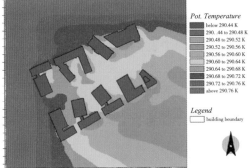

图 5-23　项目本底相对湿度图(11 月 15 日 12∶00)

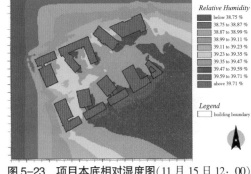

图 5-24　项目本底风速图(11 月 15 日 12∶00)

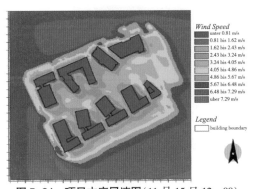

图 5-25　项目本底压力扰动图(11 月 15 日 12∶00)

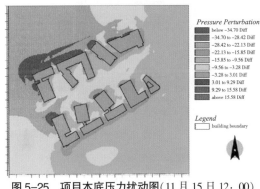

图 5-26　项目本底直接短波辐射图(11 月 15 日 12∶00)

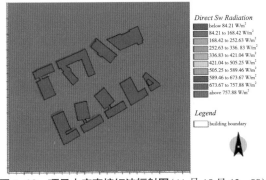

图 5-27　项目本底散射短波辐射图(11 月 15 日 12∶00)

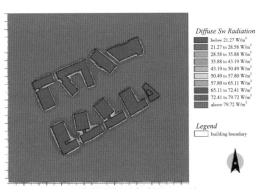

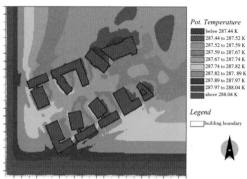

图 5-28　项目本底温度图(3 月 27 日 12：00)

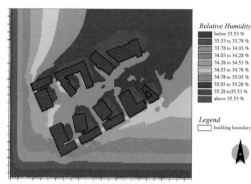

图 5-29　项目本底相对湿度图(3 月 27 日 12：00)

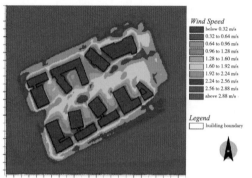

图 5-30　项目本底风速图(3 月 27 日 12：00)

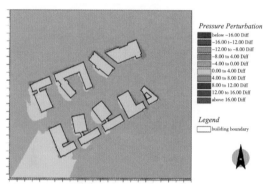

图 5-31　项目本底压力扰动图(3 月 27 日 12：00)

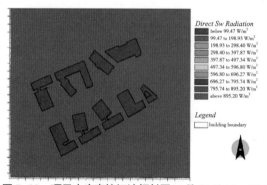

图 5-32　项目本底直接短波辐射图(3 月 27 日 12：00)

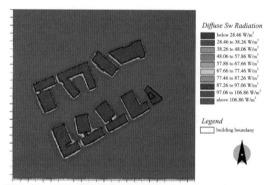

图 5-33　项目本底散射短波辐射图(3 月 27 日 12：00)

分析结论

优点：建筑选址于北京市郊区，由于周边空旷风速较大，建筑布局采用围合处理，对冬季降低冷空气在庭院内的流速，形成较舒适小环境有一定益处；建筑围合的庭院形态各异，有利于形成各具特色的室外环境。

缺点：建筑布局东西两排房子开口相对，造成比较明显的风口(Wind corridor)，这些开口处风速比较大，景观设计时需注意；办公楼建筑布局是斜向的，并且较高，容易造成下沉旋风(Down wash)，办公楼处景观设计需注意风速影响；建筑外形锐角处造成转角加强风，需景观处理减小风速。

5.2.2.3　本底环境数据检测

示范地本底环境舒适度从风环境、热舒适度环境、负氧离子环境三个方面进行阐述。

（1）北京示范地本底环境舒适度分析结果

A 检测点：共三个试验组，第一试验组位于东西两侧建筑围合的"开口"位置，检测经由景观阻挡而进入建筑环境的风速。测定结果显示，该测点风速较对比组风速增强（10%~20%），且风向较少变化。热舒适度水平整体来讲，高于对比组而低于其他试验组舒适度水平。负氧离子环境（700~720）低于对比组（750~800，10%~15%）及其他试验组（780~820，20%~25%）。研究认为，该点的风环境特征直接影响到该点的热舒适度及负氧离子环境。建议应采取设计技术措施：景观地形围挡、加大植物种植密度等适当降低进入建筑围合环境的风速，否则建筑围合区的环境热舒适度、负氧离子环境均将受到显著影响。第二试验组位于斜向布局的建筑散水位置，测定数据显示，该区域的"下沉旋风"比较显著地存在（高于第三试验组5%~10%），风向多变。因而，该处不宜设置休憩空间以及休憩设施，可在不影响一层建筑采光的情况下，利用种植手段减弱"下旋风"的影响。第三试验组位于建筑拐角处，测定数据显示，该区域风速在3个试验组中处于最低水平。

对比组处于测点所在的建筑北侧，检测原始风环境及环境舒适度特征。

B 检测点：总体来讲是4个检测点中环境舒适度水平最高的。在对比组测点风环境数据为2~3m/s的情况下，此处表现为无风；热舒适度水平显著高于对比测点；负氧离子水平也高于对比组测点。景观设计中应在此布局水体等景观以及休憩区从而营造负氧离子及热舒适度水平较高的环境。

C 检测点：在环境舒适度水平上仅次于B试验点。整体风环境表现为微风。热舒适度水平较高的同时负氧离子水平也高于对比测点。该处宜布局景观型的植物群落，以景观绿地的方式改善环境舒适度，营造热舒适度及负氧离子水平较高的环境并尽可能的发挥其微环境效益。

D 检测点：位于项目场地南侧边界，临近城市道路及建筑布局形成的"风口"位置，本测点3组探头，布局于测点位置向北进入建筑环境的不同距离上（10~30m）。

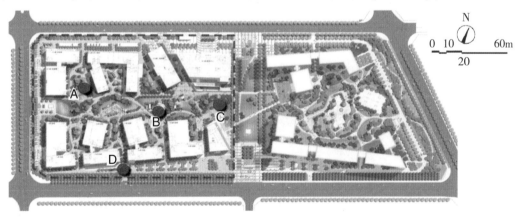

图5-34 北京示范地环境舒适度因子检测样点布局

（2）本底检测数据分析及结论

测定结果显示，试验组测点平均风速要高于对比测点风速（10%~15%），而热舒适度水平、负氧离子水平（750~830）则较对比组略有降低或基本持平。建议在景观设计中，主要以疏密适当的植物群落减弱北向风速，提高建筑围合区域的热舒适度水平及负氧离子水平。

对比组位于城市道路边，指示城市原始舒适度环境。

总体环境舒适度评价：

风环境水平：B>C>D>A(冬季主导风向)；D>C>B>A(夏季季主导风向)

热舒适度水平：C>B>D>A

负氧离子水平：C>B>D>A

总体环境舒适度水平：B>C>D>A

（3）对技术措施实施方向给出指导意见

①采用落叶乔木，增加夏季遮阳，但不设灌木，利于人脸高度的空气流通；

②通过景观专业的技术处理，采取局部种植常绿乔木和灌木的方法，减缓风速，引导越境风的绕流，弱化转角加强风、风口加强风等不利影响。

5.2.3　示范技术应用

针对本项目特征，在项目工程中实施了下列技术：①改善环境舒适度的室外绿地布局优化技术，示范通过微地形和植物群落布置调节微气候的技术；②室外绿地雨水回渗技术，示范下凹绿地，湿塘式景观水体，透水铺装；③室外水质维护技术；④新型立体绿化技术；⑤室外水环境高效节水技术，示范节水技术成果。

5.2.3.1　示范技术①改善环境舒适度的室外绿地布局优化技术的实践

建筑室外环境作为一个空间限定的场地，其地表是由植物群落和非生物环境要素——土壤、水体、铺装、建筑物等环境物质要素构成。在场地环境内，太阳辐射、建筑光环境、风环境等要素与场地环境的空间方位、空间形体、开敞方式、布局模式等空间要素共同作用，形成场地内"植物群落—近地面气层—场地空间"近地面小尺度的小气候生态系统。

本项目在建筑光环境、风环境分析的基础上，结合北京当地气候特点和项目场地条件，进行室外环境设计，通过优化绿地布局，微地形设置，植物群落配置，改善场地内小气候，提升室外环境的舒适度，从而使场地在气候不舒适的时段内，也存在供人们活动的较舒适的空间区域(图5-35)。

图5-35　通过绿地布局与植物种植对
室外环境舒适度的改善

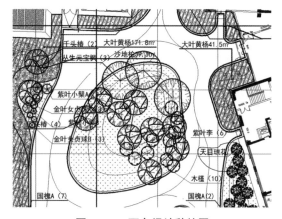

图5-36　环岛绿地种植图

具体来讲，包含以下几点：

根据建筑风环境分析，针对建筑群呈东西向轴线对称布局，南北两侧建筑开口相对，造成比较明显的风口，本项目在每个庭院的入口处布置了环岛绿地，并做了微地形抬高处理，种植高大乔木与大灌木，形成绿色屏障，最大限度地降低风速，提高室外舒适度（图5-36）。

针对建筑转角处容易造成转角加强风，本项目设置绿岛围合每一个建筑的转角，通过乔、灌、地被三层复合式植物群落绿化，降低风速，同时弱化建筑物锐角带给人的冰冷的感觉，提高使用者生理舒适度与心理舒适度（图5-37）。

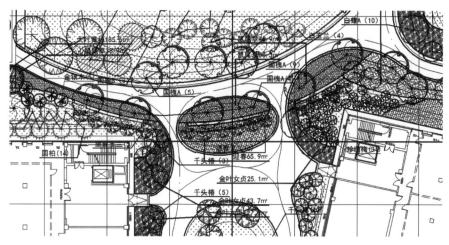

图 5-37　建筑转角种植图

针对办公楼处的下沉旋风，设置较大面积的三角形绿地，通过塑造较高的景观微地形，在形成办公楼对景的同时，阻隔下沉旋风（图5-38）。

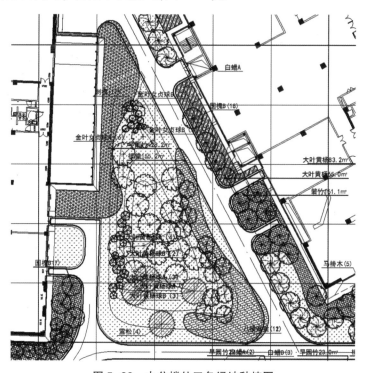

图 5-38　办公楼处三角绿地种植图

根据建筑布局的光环境分析，庭院空间光照条件较差，主要选择种植耐阴植物（图5-39）。

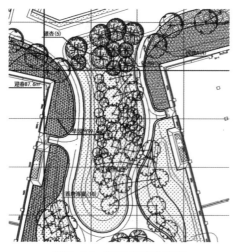

图5-39　庭院绿地种植图

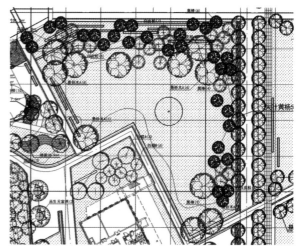

图5-40　开敞草坪区种植图

根据建筑布局的风、光环境分析，康复医院南侧风速最小，光照条件最好，室外环境舒适度最高，因此将开敞草坪区及户外活动空间布置于此处，为病人及员工提供户外休闲与活动场所（图5-40）。

本项目西入口处设置较高的微地形，同时配置生态密林，在形成优美入口景观的同时，阻挡冬季西北风的入侵，提高园区整体环境舒适度（图5-41）。

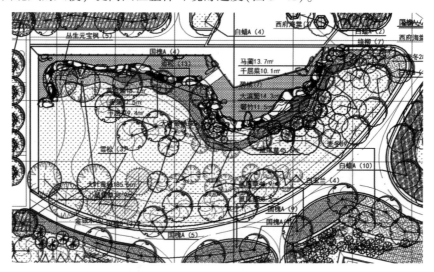

图5-41　西入口处种植图

5.2.3.2　示范技术②室外绿地雨水回渗技术的实践

建筑室外的雨水利用是实现低影响开发雨水系统中雨水资源化目标的主要途径，同时也是削减场地雨水径流，控制径流污染的重要途径。雨水系统典型收集利用流程如图5-42所示。

下凹绿地可以过滤地表径流中的残渣和污染物，同时补充地下水。本项目根据场地自身特点设置下凹式绿地。在铺装边界与缓坡地形之间，设计宽度为1.2~2.5m、下凹深度为

10~15cm 的下凹绿地，便于雨水回渗（图5-43、图5-44）。

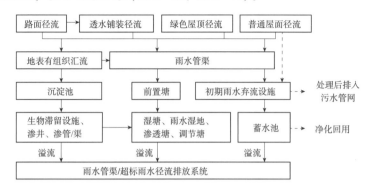

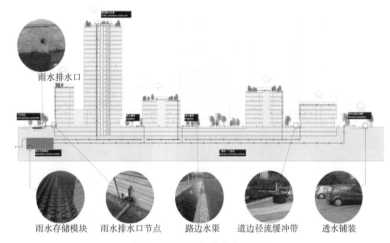

图5-42　雨水收集与利用

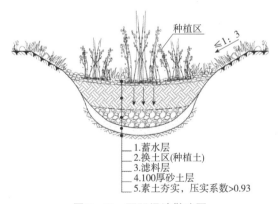

图5-43　下凹绿地做法图

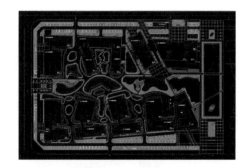

图5-44　下凹绿地范围

5.2.3.3　铺装设计

透水铺装材料本身的多孔隙特性，为其过滤净化雨水、存蓄滞留雨水、消纳回渗雨水提供了良好的条件。在铺装材料的选择上，本项目中除了部分重要节点广场选用石材，其他均选用透水材料，主要为透水砖、嵌草砖、鹅卵石、碎石、木地板等。透水铺装的使用比例达到了50%。项目建成后经证实，在雨天成功地减小了地表径流流量（图5-45）。

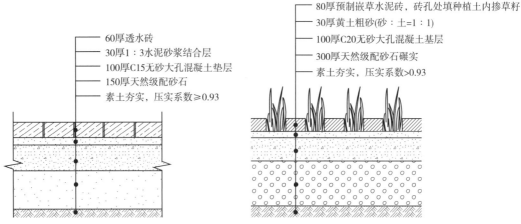

图 5-45-1　透水铺装结构做法

图 5-45-2　透水铺装实景照片

5.2.3.4　湿塘式景观水体设计

　　湿塘式景观水体指具有雨水调蓄和净化功能的景观水体，雨水作为其主要的补水水源。本项目中湿塘式景观水体与绿地、开放空间等场地相结合，设计为多功能调蓄水体，平时发挥正常的景观及休闲功能，暴雨发生时发挥调蓄功能，实现土地资源的多功能利用(图 5-46)。

图 5-46　湿塘式景观水体

5.2.3.5　示范技术③室外水质维护技术

　　目前景观水系水质保持主要有两种方式，一种是以生态措施为主的原位净化技术；另一种是以物化为主的体外循环净化技术。本示范项目主要采用了体外循环净化技术。

体外循环净化采用矿物质精细过滤及加药气浮工艺,将水从景观水体的一端取出,经过处理后,从多点补入水体的相对端,保持水体流动,在设计停留时间内完成全部水体净化,其目标主要是去除水体中的悬浮物、藻类、磷酸盐等,保持水体的良好感官效果。

本示范项目中,我们委托北京沃奇新德山水实业有限公司试制了一台一体式小型地埋室外水质维护设备,用于人工水景的水质维护与改善。景观水水质维护系统设计包括循环净化处理、投药、设备电气控制以及水生植物净化等(图5-47)。

名　称	名　称	参　数
WQX-FJ型景观水专用一体式地埋式水处理设备	循环水泵	Q=17.5m³/hr, H=10.5m, P=1.1kW
	不锈钢精滤设备	Q=15~25m³/h
	自动投药器	Q=1.2L/hr
撇渣器	撇渣器	爱克AQ-0020

图5-47　景观水水质维护系统设备表

通过水质维护系统技术的运用,本项目中人工景观水体水质稳定保持在地表Ⅲ类标准,达到了设计目标(图5-48)。水质维护系统主要工艺流程为:

精滤:以多种矿物质作为滤料,并按比重大小、粗细程度由上至下分层排列组成的复合滤层,过滤精度极高,出水浊度≤0.4NTU。

反冲洗:自行根据过滤器内部压力的变化来判断是否实施反冲洗,反冲洗强度15L/s,反冲洗时间不超过3.5分钟。稳健的设计和精心的选材保证系统的高可靠性(图5-49)。

图5-48　人工水景建成后照片

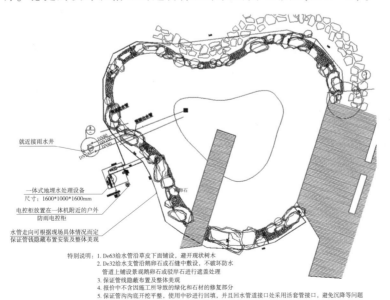

就近接雨水井

一体式地埋水处理设备
尺寸:1600*1000*1600mm

电控柜放置在一体机附近的户外防雨电控柜

水管走向可根据现场具体情况而定保证管线隐藏布置安装及整体美观

特别说明:1. De63给水管沿草皮下面铺设,避开现状树木
2. De32给水支管沿鹅卵石或石缝中敷设,不破坏防水管道上铺设景观鹅卵石或驳岸石进行遮盖处理
3. 保证管线隐藏布置及整体美观
4. 报价中不含施工所导致的绿化和石材的修复部分
5. 保证管沟沟底开挖平整,使用中砂进行回填,并且回水管道接口处采用活套管接口,避免沉降等问题

图5-49　景观水水质维护系统平面布置图

5.2.3.6 示范技术④新型立体绿化技术的实践

项目组提供了3种垂直绿化方案,以供甲方选择,分别为:

①墙面直接攀爬植物,此方案造价和维护费用低、简便自然,可供选择的植物种类有五叶地锦、凌霄、扶芳藤(图5-50)。

图5-50 攀爬式垂直绿化

②墙面上搭金属网攀爬植物,造价较高、简便易施工。可供选择的植物种类有常春藤、扶芳藤、木香、紫藤、葡萄、猕猴桃、蔷薇、凌霄、金银花等(图5-51)。

图5-51 金属网式垂直绿化

③垂直种植袋模式,属于新型垂直绿化技术,价格较高、需专业公司施工和养护、景观效果好。可供选择植物种类多样,如景天类植物、观赏草、一二年生花卉、宿根花卉等均可(图5-52)。

建设单位最终选用了简单易行的垂直绿化方式,施工简易,适应北京气候,基本不需要后期维护(图5-53)。

产品服务

垂直种植袋

材质：聚对苯二甲酸乙二酯
(PET)

用途：垂直种植袋主要用于
墙面、护栏、承重柱等垂直绿化。

原理：重力引灌加吸水保湿

特性：其有储水、排水功能，
透气良好，保湿性强，观赏效果
佳，易施工、易维护、易调节、
成本低等。

规格：42×16cm×14cm

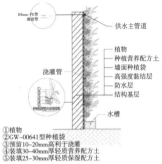

①植物
②GW-00641型种植袋
③预留10~20mm高利于浇灌
④装填30~40mm厚轻质营养配方土
⑤装填25~30mm厚轻质保湿配方土

图 5-52　垂直种植袋模式垂直绿化

图 5-53　垂直绿化种植设计图

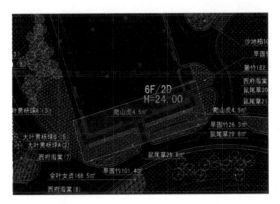

图 5-54　景观绿化喷灌平面图

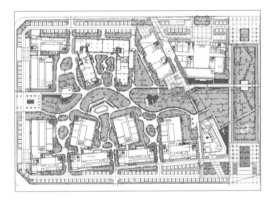

5.2.3.7　示范技术⑤室外水环境高效节水技术的实践

　　灌溉的基本任务是根据植物对水分的需求，适时适量向土壤供水，掌握植物的需水规律是进行合理灌溉的前提。在灌溉设计中根据景观绿化植物种类及位置进行合理的系统选择。还需要根据不同的气候、土壤和栽培条件进行灌溉，植物全生育期和各个生育阶段的需水量有所不同。据此来制定植物的灌溉制度，其中包括灌水次数、灌水时期和灌水量等数据，需要专业人员进行养护。

5.2.4 评价及结论

5.2.4.1 建成后水质检测及结论

北京沃奇新德山水实业有限公司对中国建筑设计院有限公司 2016 年 11 月 2 日送检的水样进行了分析。

（1）执行标准：执行《地表水环境质量标准》（GB 3838—2002）。
（2）点位设置：北京方正医药研究院景观水和北京方正医药研究院景观水设备出水。
（3）检测项目：pH、悬浮物、化学需氧量、氨氮、总磷、生化需氧量、粪大肠菌群。
（4）分析方法、检测仪器及编号见表 5-1。

表 5-1　分析方法、检测仪器及编号一览表

检测项目	检测分析方法	采样检测仪器	编号
pH 值	玻璃电极法 GB 6920—86	pHS-2C 酸度计	YFY060
化学需氧量	重铬酸盐法 GB 119114—89	/	/
生化需氧量	稀释与接种法 HJ 505—2009	SPX-250-Z 生化培养箱	YFY071
总磷	钼酸铵分光光度法 GB 11893—89	TU-1800S 紫外可见分光光度计	YFY027
氨氮	纳氏试剂分光光度法 HJ 535—2009	TU-1800S 紫外可见分光光度计	YFY027
悬浮物	重量法 GB/T 11901—1989	电子天平	YFY044
粪大肠菌群	多管发酵法和滤膜法 HJ/T 347—2007	HH. B11. 300 电热恒温培养箱	YFY068

（5）分析结果见表 5-2。

表 5-2　分析结果汇总表　　　　单位：mg/L（pH 无量纲）

检测项目	送样时间	北京方正医药景观湖	北京方正医药景观湖设备出水	湖水执行标准	设备出水执行标准
pH	11 月 02 日	6.04	6.20		6~9
悬浮物	11 月 02 日	15	3		/
化学需氧量	11 月 02 日	27.6	7.5		≤20
氨氮	11 月 02 日	1.40	0.550		≤1.0
总磷	11 月 02 日	0.30	0.08		≤0.2
生化需氧量	11 月 02 日	5.9	2.35		≤4
粪大肠菌群（个/L）	11 月 02 日	19000	5600		≤10000

（6）结论

北京方正医药研究院景观水处理工程送检水样为《地表水环境质量标准》中的 IV 类，其设备出水所测项目能够达到《地表水环境质量标准》中的 III 类标准。

5.2.4.2 建成后数据检测分析及结论

（1）本底检测数据

对北京示范项目进行的 4 次本底环境测试，得到物理环境基础数据，初步显示基地内环境的绿化和景观设计，使测试点基础参数和舒适度水平高于对照点，规律较为一致。

①风速检测数据

本底数据分析：观测点风环境与对照点基本一致，最大风速相差不大；虽然风速水平无

明显变化，但是各次测试显示测点气流较为持续，说明有无绿地对局部风环境有一定影响作用。见附图。

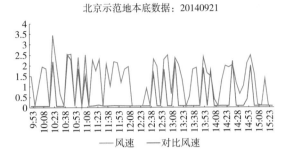

北京示范地本底数据：20140921

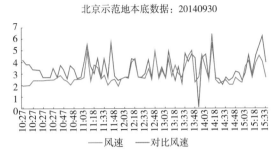

北京示范地本底数据：20140930

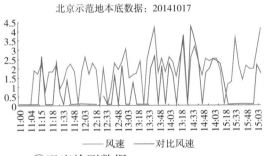

北京示范地本底数据：20141017

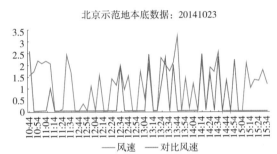

北京示范地本底数据：20141023

②温度检测数据

本底数据分析：观测点温度变动规律与对照点基本一致，温度波动较为平稳，最大温差为2.03℃。对比4次测试时间的气温条件，观测点与对照点的温度关系的总体规律是，测试点在高温期平均温度低于对照点，而低温期平均温度水平高于对照点。对比热流测试结果，观测点热环境相对较为稳定，说明绿地起到一定的调节作用。见温度和热流测试数据附图。

北京示范地本底数据：20140921

北京示范地本底数据：20140930

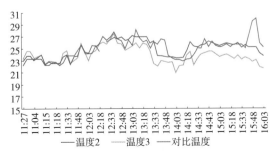

北京示范地本底数据：20141017

北京示范地本底数据：20141023

热流测试数据

③相对湿度检测数据

本底分析：虽然绿地建设初期，正处于培育期，但是观测点相对湿度的数据平均水平均高于对照点，最大相差为4.55%，绿地对空气湿度的调节的作用比较明显。见附图。

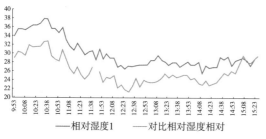

④辐射强度检测数据

本底辐射分析：观测点与对照点相比，当天变化规律基本一致，没有明显的差异性。由于处在绿地建设初期，缺乏遮阴，所以这个结果有一定的必然性，与前期调研的结论是一致的。

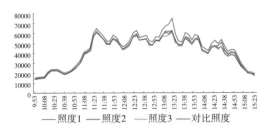

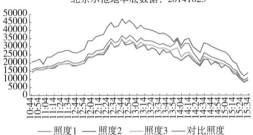

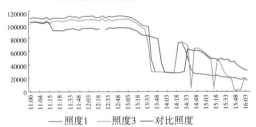

（2）建成环境检测数据

课题组分别于 2016 年 8 月 2~6 日，9 月 13、14 日和 19、20 日进行了测试，检测数据 1、2、3、4 分别对应测点 A、B、C、D。

A 检测点：对风环境检测。3 组探头分别测定典型建筑区域风环境特征。

B 检测点：对景观水体对于环境舒适度的改善功能与效益进行检测。3 组探头分别测定距离水体同一方向的不同间距位置，检测水体景观对于环境舒适度的改善功能与效益。

C 检测点：对景观绿地的环境舒适度改善功能与效益进行检测。3 组探头检测景观绿地植物群落对环境舒适度的改善功能与效益。

D 检测点：对由城市环境临近示范地环境的环境舒适度改善状况进行检测。3 组探头布局于测点位置向北进入建筑环境的不同距离上，检测基于城市环境舒适度条件的项目环境舒适度改善功能与效益。

1）风速检测数据

经过 2 年的室外环境建设，建筑室外微观气候条件得到改善。相较本底数据，建成环境的气流持续性仍然较为稳定，风速较为平均。综合两次检测，测点 A 处风速受到控制，平均风速比本底数据略低，B、C 点平均风速高于其他两处，这与微地形调整的设计措施相关。

各测点基本风速与气温关系较好，气温较高时段风速满足人体热舒适的需求。测试时间段内，没有出现较强烈气流，也没有出现长期低风速的状况，说明环境设计的整体效果良好。

①夏季检测（2016 年 8 月 2 日、8 月 4 日、8 月 5 日、8 月 6 日）

北京示范地检测数据：1

北京示范地检测数据：2

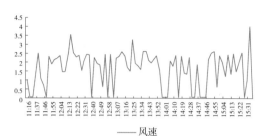

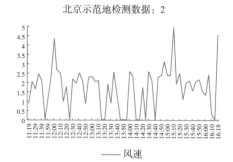

北京示范地检测数据：3

北京示范地检测数据：4

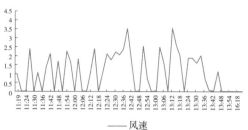

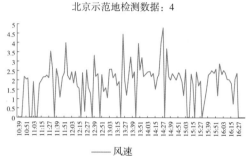

②秋季(2016年9月13日、14日、19日、20日)

北京示范地检测数据：1

北京示范地检测数据：2

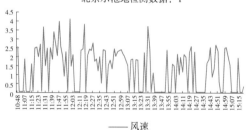

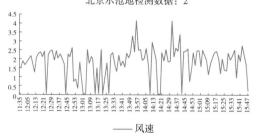

北京示范地检测数据：3

北京示范地检测数据：4

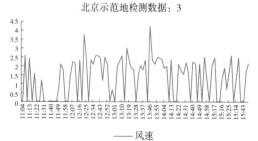

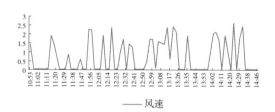

2) 温度检测数据

相对本底数据，测点处气温整体变化规律没有太大变化，热环境较为稳定。

A、C、D测点的平均温度较对照点偏低，明显处温差可达1~2℃，与软件模拟结果相似。说明绿地及植物群落的综合效益明显。

B测点为水体附近，实测结果温度水平高于对照点。与人体主观感受的调查结果比较吻合。见附图。

①夏季（2016年8月2日、8月4日、8月5日、8月6日）

北京示范地检测数据：1

——温度1 ——温度3 ——对比温度

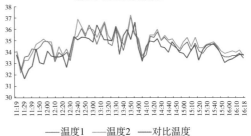

北京示范地检测数据：2

——温度1 ——温度2 ——对比温度

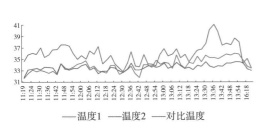

北京示范地检测数据：3

——温度1 ——温度2 ——对比温度

北京示范地检测数据：4

——温度1 ——温度2 ——对比温度

②秋季（2016年9月13日、14日、19日、20日）

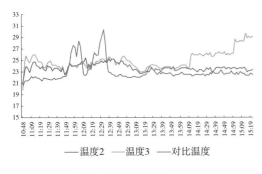

北京示范地检测数据：1

——温度2 ——温度3 ——对比温度

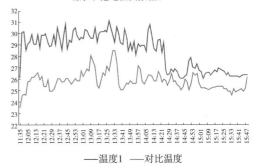

北京示范地检测数据：2

——温度1 ——对比温度

北京示范地检测数据：3

——温度1 ——温度2 ——对比温度

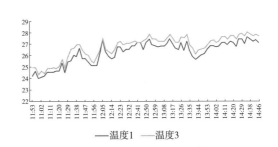

北京示范地检测数据：4

——温度1 ——温度3

3）相对湿度检测数据

随着环境中植物的生长，环境相对湿度检测结果有了明显差距。各测点普遍达到20%～40%。由于室外温度、湿度和风速是人体舒适度的重要影响因素，相对湿度的提高，对于北方地区的气候环境，人体的热感应更为明显，通过景观设计和水循环利用技术的综合集成，实现了示范地局部气温和湿度的理想状态。

①夏季(2016 年 8 月 2 日、8 月 4 日、8 月 5 日、8 月 6 日)

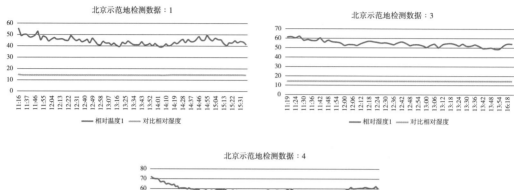

②秋季(2016 年 9 月 13 日、14 日、19 日、20 日)

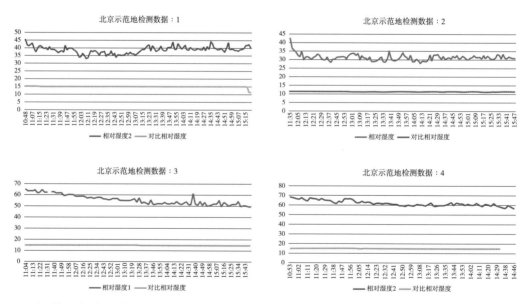

4)辐射强度检测数据

现场测试结果显示，B 点实测照度明显高于对照点，与温度测试结果表现出相似问题，说明水体可能影响测试结果。其他各点测试结果相对于本底数据，尚未发现明显规律，有必要持续检测。见附图。

①夏季(2016 年 8 月 2 日、8 月 4 日、8 月 5 日、8 月 6 日)

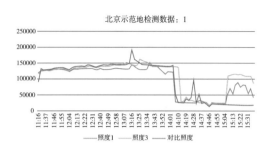

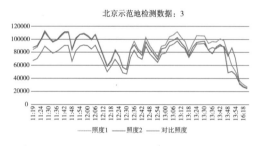

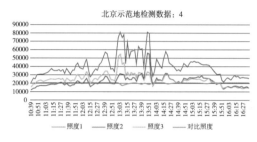

②秋季(2016 年 9 月 13 日、14 日、19 日、20 日)

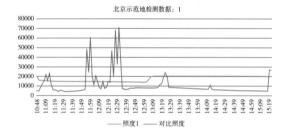

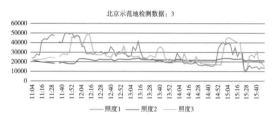

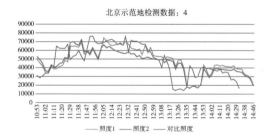

（3）数据分析

经过温度、相对湿度、风速、负氧离子、辐射强度、热通量等数据检测分析，绿地对建筑室外微气候的改善得到印证。

1)改善环境舒适度的室外绿地布局优化技术。示范通过微地形和植物群落布置调节微气候的技术，检测数据表明微气候调节起到了一定的效果，达到预期目标。首先由于植物分布和地形变化，庭院内部风速有所减缓，在夏季高温和冬季低温环境下，适当的风速将改善人体的体感，提高舒适度。其次，微气候环境的气流的改变，结合水景，形成微循环，环境温度和湿度趋于平衡，相对示范点外围对照点数据，人体舒适度指数有所提高。目前，由于植物群落尚在成长阶段，环境对比检测效果尚不突出。

2）室外绿地雨水回渗技术，通过下凹绿地、湿塘式景观水体、透水铺装以及新型立体绿化技术，起到了改善相对湿度、增加负氧离子、缓和辐射强度的作用。研究表明环境温度适中时，湿度对人体舒适度的影响并不显著。当温度较高或较低时，湿度波动对人体的热平衡就变得非常重要。湿度太大，汗液蒸发受到抑制，人体自然感觉不舒适，特别是高温高湿天气，令人闷热难当；湿度太小，汗液蒸发速度会加快，极易造成体内水分大量流失，同样使人感到不舒适。人体感觉最舒适是当温度在 18～20℃、相对湿度在 50%～60% 时。冬夏两季检测数据均有测点数据进入热舒适区域，表明微环境水气循环发挥了湿度调节的作用。

5.2.4.3 建成后模型模拟分析及结论

通过对建成后环境进行模拟，得到下列分析图（图 5-55 至图 5-72）。

夏季：

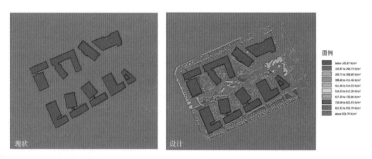

图 5-55 本底与设计场景的直接短波辐射对比图（2015 年 7 月 7 日 12：00，夏季典型日）

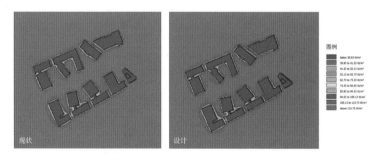

图 5-56 本底与设计场景的散射短波辐射对比图（2015 年 7 月 7 日 12：00，夏季典型日）

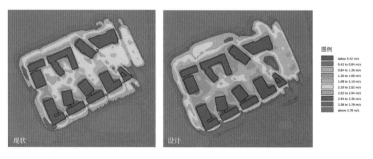

图 5-57 本底与设计场景的风速对比图（2015 年 7 月 7 日 12：00，夏季典型日）

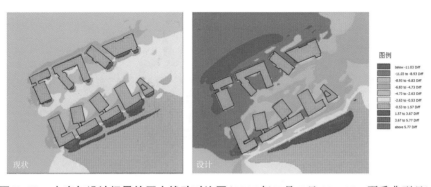

图 5-58　本底与设计场景的压力扰动对比图(2015 年 7 月 7 日 12：00，夏季典型日)

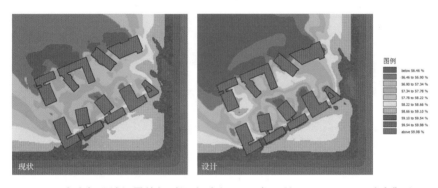

图 5-59　本底与设计场景的相对湿度对比(2015 年 7 月 7 日 12：00，夏季典型日)

图 5-60　本底与设计场景的温度对比图(2015 年 7 月 7 日 12：00，夏季典型日)

冬季：

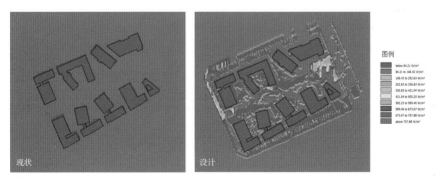

图 5-61　本底与设计场景的直接短波辐射对比图(2015 年 11 月 15 日 12：00，冬季典型日)

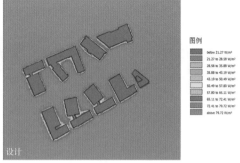

图 5-62　本底与设计场景的散射短波辐射对比图（2015 年 11 月 15 日 12：00，冬季典型日）

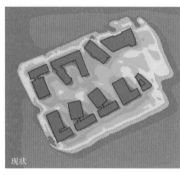
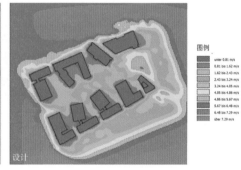

图 5-63　本底与设计场景的风速对比图（2015 年 11 月 15 日 12：00，冬季典型日）

图 5-64　本底与设计场景的压力扰动对比图（2015 年 11 月 15 日 12：00，冬季典型日）

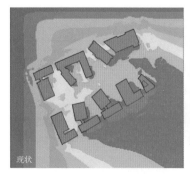
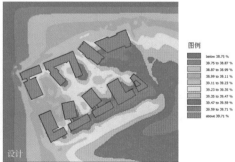

图 5-65　本底与设计场景的相对湿度对比图（2015 年 11 月 15 日 12：00，冬季典型日）

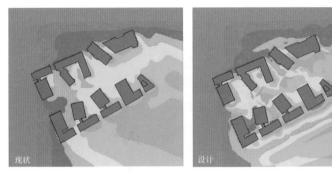

图 5-66　本底与设计场景的温度对比图（2015 年 11 月 15 日 12：00，冬季典型日）

春季：

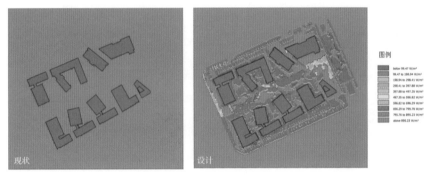

图 5-67　本底与设计场景的直接短波辐射对比图（2016 年 3 月 27 日 12：00，春季典型日）

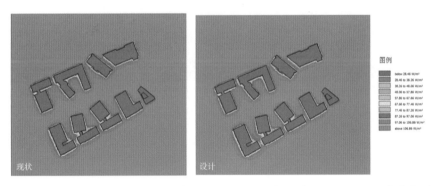

图 5-68　本底与设计场景的散射短波辐射对比图（2016 年 3 月 27 日 12：00，春季典型日）

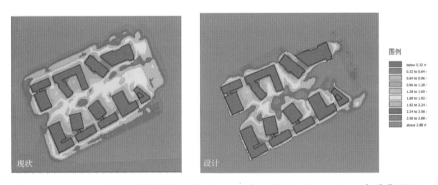

图 5-69　本底与设计场景的风速对比图（2016 年 3 月 27 日 12：00，春季典型日）

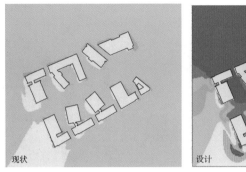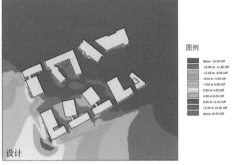

图 5-70　本底与设计场景的压力扰动对比图（2016 年 3 月 27 日 12：00，春季典型日）

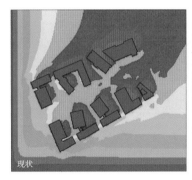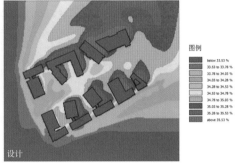

图 5-71　本底与设计场景的相对湿度对比图（2016 年 3 月 27 日 12：00，春季典型日）

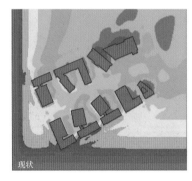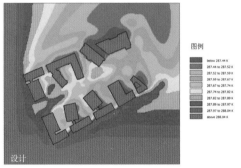

图 5-72　本底与设计场景的温度对比图（2016 年 3 月 27 日 12：00，春季典型日）

　　经过评测认为：水景、遮阴等景观措施对改善夏季的热舒适度都有比较大的意义，其中水景周围的 WBGT（湿黑球温度）在 7 月 7 日 12：00 模拟场景中，阴影区下降了 1~2℃，而夏季次级舒适区范围（以湿黑球温度 WBGT 低于 30℃ 计算），相比纯建筑+草坪，增加了约 1000m²；立面绿化等景观措施对改善夏季建筑本身的辐射热，及景观区的间接辐射热都有较为明显的益处；屋顶花园结合喷淋灌溉，对降低顶层温度和环境温度都有比较明显的作用，在 ENVI-met 模拟中，7 月 7 日 12：00，取得了顶层温度 2℃、庭院环境温度 1℃ 的下降；灌木对冬季风场的稳定和越境风的引导有一定作用，但改善的区间面积相比夏季少。

5.2.5 总结

室外人体舒适度受到环境微气候的影响，同时也与人的个体差异，如气候适应性因素等相关。室内外或不同区域的环境变量差异，也会对舒适度产生影响。示范地设计通过对本底环境的模拟分析，得到湿度环境、风环境的基本状况和变化规律，采取了针对性措施。根据北京地区的气候特点，重点在基地内部风环境和湿度环境两个方面，与节水技术相结合，形成环境改善的技术措施。从环境监测对比和模型仿真模拟得到的数据分析，这些技术措施起到了改善室外人体热舒适度的作用。同时，绿化景观设计改善了人的视觉环境，提升了空间品质，在使用者主观感知方面对环境舒适度的认可度提高。

结合主观和客观因素的权重评价系统对室外绿地环境的设计进行评价，结论是正面的。由于绿地建设实施时间较短，部分植被尚未成型。模拟数据较监测数据效果更加明显，但是整体趋势一致，不影响对项目的整体评价。

根据对基地数据的加权分析，参考湿球黑球温度、人体舒适度指数，示范地室外绿地建成环境的舒适度均达到预期目标，相对本底环境有明显改善（图5-73）。

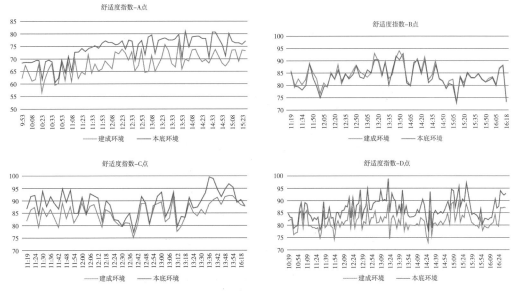

图5-73 室外环境舒适度指数图

绿地设计技术措施对微气候环境的影响表现在：通过植被和水景设计，环境地表性质得到改良，环境温度得到调节，热岛作用缓解，人的体感温度和舒适度都得到提升。进一步加强建筑立面和屋顶的绿化，将扩大对局部地区微气候的改善。

地形变化及植被的合理分布，改善了基地的风环境，在不同季节都形成了较为温和的内部空气场和温度场，目前从模拟分析来看，具有积极的效果。

水循环设计对环境湿度的调节起到积极作用，对于北京地区来说，对相对湿度的改善，相比南方地区效果更大。

针对建筑群体遮蔽作用，采取了相应措施保障植物生长，并结合节水、水质控制等技术，利于维护，保障了绿地景观的可持续性。

总之，区域绿化率、叶面积指数和植物遮阴率指标是对建筑室外舒适度改善的关键策略。植物多样性、地形、水体对改善主观舒适度有积极作用。

5.3 青岛中德生态园德国企业中心项目

5.3.1 项目概况

青岛中德生态园德国企业中心项目位于山东青岛经济技术开发区，胶州湾高速公路南侧、小珠山风景区西侧和牧马山生态通道的北侧。连接跨海大桥的胶州湾高速公路从园区穿过，交通便利，区位条件优越。

本项目一期用地面积为 4.64hm²，景观面积为 4.60hm²。景观设计内容主要包括：景观总平面设计、铺装设计、种植设计、景观小品设计以及水景、喷灌系统、景观照明系统设计等。

5.3.2 基址分析

示范区位于中德生态园东部的边缘地带，面向东部原水库生态保护区，是水库湿地公园绿地斑块的边缘位置。基地位于湿地生态斑块向西部发展区延伸廊道起点的重要位置。

5.3.2.1 基址水环境分析

基地周边散布村落，西侧的河洛埠水库原为二级饮用水源地，目前水库水质除了总氮略微超标外，其余各项指标能够满足《地表水环境质量标准》中的Ⅲ类标准。

图 5-74　项目基址区位关系图

随着城市化发展，城市道路、建筑等的介入阻断了原本应汇入水库的区域地表径流，造成水库的自然补水量下降，改变了水库周边的生态环境。

5.3.2.2 建筑环境本底信息

园区由几栋主要的建筑相互围合，这些建筑从北往南依次是酒店(9F)、德国中心(11F)、GECC(3F)、商务楼(11F)、餐厅(2F)。建筑之间的围合关系将场地自然划分为几个主要的功能区，包括入口公共广场、德国中心北部办公区、德国中心南部办公区、中央公园。

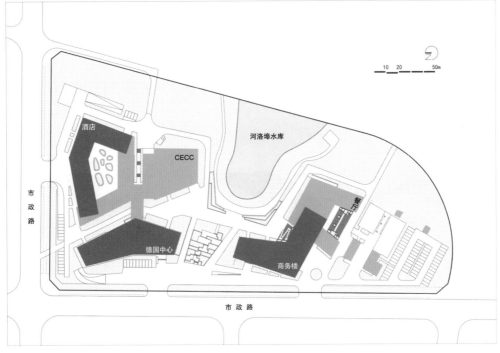

图 5-75　建筑布局分析

5.3.2.3　本底环境模型模拟

（1）模型的建立及描述

本项目模拟技术思路同北大方正医药研究院。本项目东西宽约 186m，南北长约 355m，最高点 33m。采用预设网格法对本项目进行建模描述，每个网格空间尺度为 2m，总网格规模为 120×200×30。图 5-76 为本底模拟时设定的模型平面图及设计模拟时的平面图。

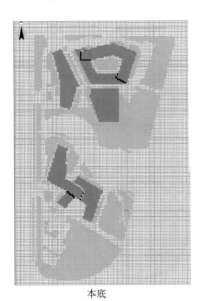

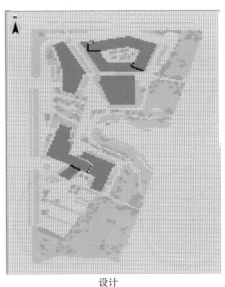

本底　　　　　　　　　　　　设计

图 5-76　在 ENVI-met 中建立的本底模型与设计模型

（2）局地气候条件

青岛地处北温带季风区，濒临黄海，兼具季风气候与海洋气候特点，冬季气温偏高，春季回暖缓慢，夏季炎热天气较少，秋季降温迟缓。空气湿润，降水适中，雨热同季，气候宜人。青岛市年平均气温12.7℃，最热月出现在8月，月平均气温为25.3℃，极端最高气温为38.9℃，出现在2002年7月15日；最冷月出现在1月，月平均气温为-0.5℃，极端最低气温为-16.9℃，出现1931年1月10日。

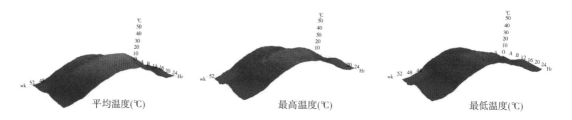

平均温度(℃)　　　　最高温度(℃)　　　　最低温度(℃)

图5-77　青岛逐日平均温度、最高温度与最低温度统计图

青岛年平均风速为5.2m/s。全年之中以4月份平均风速最大，为5.8m/s；以8月、9月两月的平均风速为最小，均系4.5m/s。青岛具有明显的海陆风特点。全年风频风速图如下所示：

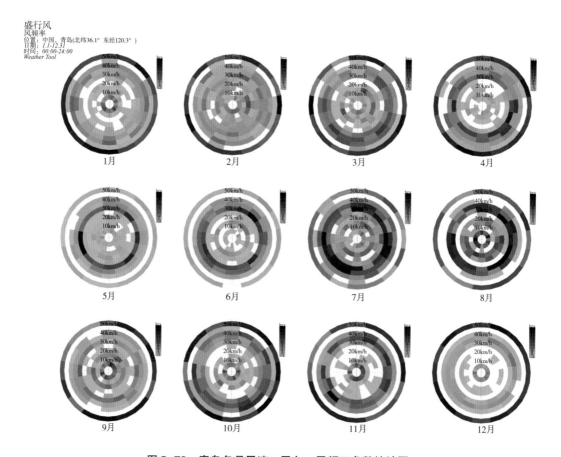

图5-78　青岛各月风速、风向、风频三参数统计图

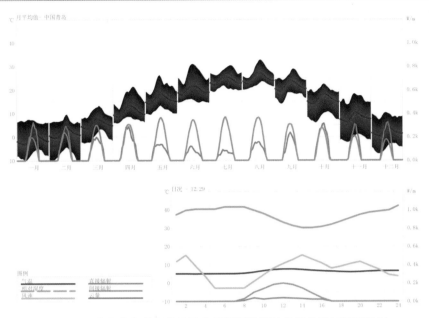

图 5-79 青岛全年月平均日及本模拟所选取的冬季典型日逐时数据

青岛市年平均降水量为 662.1mm。年降水量最高为 1272.7mm(1911 年)，日降水量最高为 367.9mm(1997 年 8 月 19 日)，年降水量最低为 308.3mm(1981 年)。全年降水量大部分集中在夏季，6~8 月的降水量为 377.2mm，约占全年总降水量的 57%；其中 8 月份降水量最多，为 151.1mm；1 月份降水量最少，为 11.3mm。

针对室外环境的热舒适度，本次选择冬、春、夏各一日进行模拟，采用这 3 个典型日的气温、直接辐射、间接辐射、云量的逐时数据。

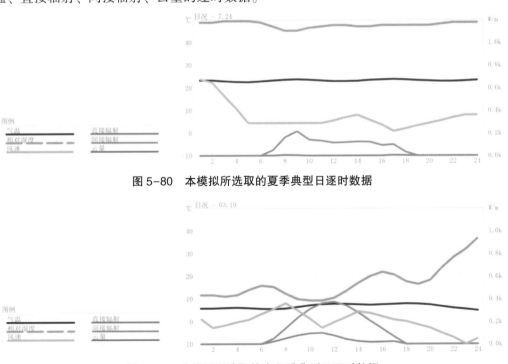

图 5-80 本模拟所选取的夏季典型日逐时数据

图 5-81 本模拟所选取的春秋季典型日逐时数据

对本底气候数据，采用焓湿图方法进行分析判读，这是本项目的焓湿图及各舒适区的分析结果：

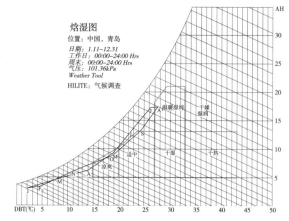

图 5-82　青岛天然环境的热舒适度分区图

（3）本底模拟分析

模拟结果：本底模拟采用 K-Epsilon 算法，对 8：00~10：00、12：00~14：00 和 16：00~18：00 三个时段进行模拟，模拟的内容包括：风速、压力扰动、温度、直接短波辐射、散射短波辐射、相对湿度等 6 项。然后代入公式计算得到湿黑球温度 WBGT（Wet Bulb Globe Temperature）、生理等效温度 PET（Physiological Equivalent Temperature）和标准有效温度 SET*（Standard Effective Temperature）等 3 种室外舒适度的分析数值。

用最小二乘法做 WBGT 与干球温度、相对湿度、太阳辐射和风速的多元线性回归，得到回归方程：

$$WBGT = 1.159Ta + 17.496Rh + 2.404 \times 10^{-3}SR + 1.713 \times 10^{-2}V - 20.661$$

式中，Ta 为空气干球温度，℃；Rh 为相对湿度；SR 为总太阳辐射照度，w/m^2；V 为风速，m/s。

标准化回归方程为：

$$WBGT = 1.439\,Ta^* + 0.75Rh^* + 0.27SR^* + 0.005V^*$$

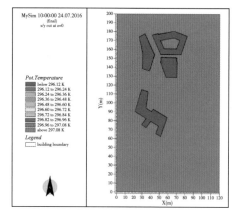

图 5-83　项目本底温度图

（7 月 24 日 10：00）

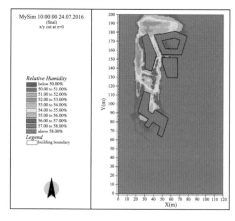

图 5-84　项目本底相对湿度图

（7 月 24 日 10：00）

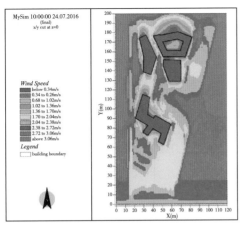

图 5-85　项目本底风速图

（7 月 24 日 10：00）

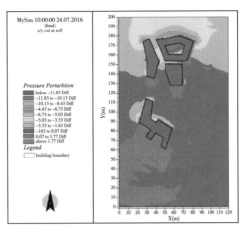

图 5-86　项目本底风压图

（7 月 24 日 10：00）

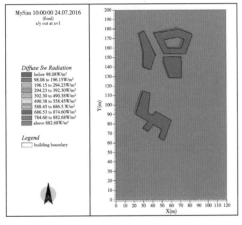

图 5-87　项目本底直接短波辐射图

（7 月 24 日 10：00）

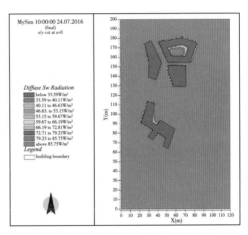

图 5-88　项目本底散射短波辐射图

（7 月 24 日 10：00）

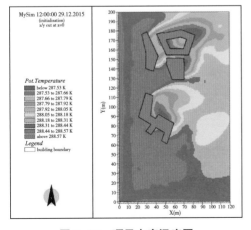

图 5-89　项目本底温度图

（12 月 29 日 12：00）

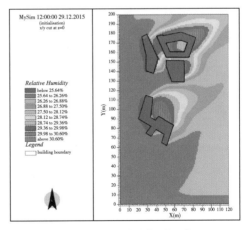

图 5-90　项目本底相对湿度图

（12 月 29 日 10：00）

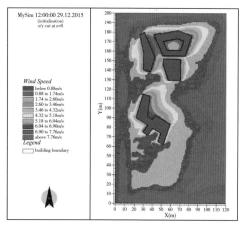

图 5-91 项目本底风速图

（12 月 29 日 12：00）

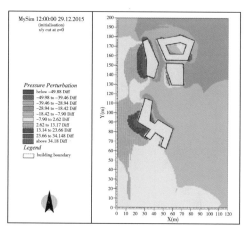

图 5-92 项目本底风压图

（12 月 29 日 12：00）

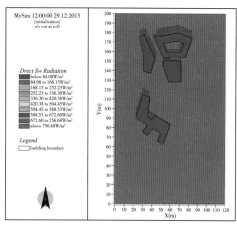

图 5-93 项目本底直接短波辐射图

（12 月 29 日 12：00）

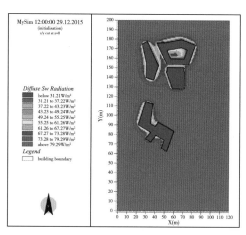

图 5-94 项目本底散射短波辐射图

（12 月 29 日 12：00）

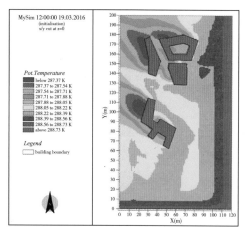

图 5-95 项目本底温度图

（3 月 19 日 12：00）

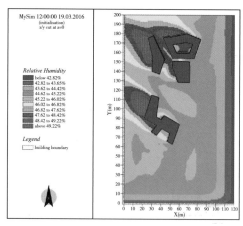

图 5-96 项目本底相对湿度图

（3 月 19 日 12：00）

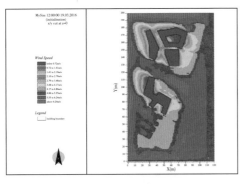

图 5-97　项目本底风速图

（3 月 19 日 12：00）

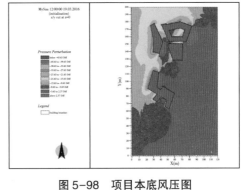

图 5-98　项目本底风压图

（3 月 19 日 12：00）

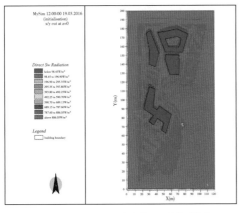

图 5-99　项目本底直接短波辐射图

（3 月 19 日 12：00）

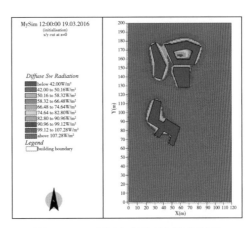

图 5-100　项目本底散射短波辐射图

（3 月 19 日 12：00）

分析结论

优点：青岛气候温和宜人，本项目接近于青岛本身的水陆位置，利于取得较好的局地小气候；建筑整体造型，利用巧妙的构图形成了钝角，相比锐角，在预防转角加强风方面有利，而整体体量采用渐次加高的台阶式处理，利于越境风的通过，而不容易产生下沉气流（Down wash）；建筑的虚实处理有一定巧思，避免了玻璃体量的西晒。

缺点：由于大气候的海陆风与局地环境的水陆风的耦合作用，加上建筑群临近空旷湖面，在冬季早晚风速较大，项目北段虽采用了围合式建筑布局，利于形成庭院静风小环境，但南段开口，中间体量立面采用玻璃幕墙，风速较大时导致建筑本身散热快；建筑本身的空调排风口设置位置较低，需要景观特别处理。

5.3.2.4　本底环境数据检测

（1）检测点的设置

示范地本底环境舒适度从风环境、热舒适度环境、负氧离子环境三个方面进行阐述。

A 检测点：共 3 个试验组，第一试验组位于东西两侧建筑围合形成的"开口"位置，检测经由景观阻挡而进入建筑通道环境并得以加强的风速。测定结果显示，该测点风速较对比组风速增强（20%～25%），且风向较少变化。热舒适度水平整体来讲低于对比组及其他试验组舒适度水平。负氧离子环境（950~1020）低于对比组（1050~1100，10%~15%）及其他试验组（1080~1120，20%~25%）。研究认为，该点的风环境特征直接影响到该点的热舒适度及负氧离子环境。建议应采取设计技术措施、风道前端以景观地形围挡并适当加大植物种植密度等，适当降低进入建筑围合环境的风速，风道内部因空气流通较快，适宜种植低矮抗风灌木或草花、草坪。通道末端适宜提高植物种植密度，进一步降低风速，提高景观核心区的舒适度水平。第二试验组位于沿通道方向由第一试验组向南10~15m，测定经风道加强后的风速变化及负氧离子等变化，测定数据显示，该区域较第一试验区的"通道风"，风速进一步加强（高于第一试

图5-101　检测点的设置

验组5%~10%），风向的变化特征是趋向于多变。负氧离子浓度（850~970）和热舒适度水平进一步降低（5%~10%）。第三试验组位于滨水区域（距离第一试验组约30m），测定数据显示，该区域风速在3个试验组中处于最低水平，可能的原因是进入广阔环境后，风速进一步消减，同时热舒适度和负氧离子浓度得到显著回升（1120~1240）。

对比组处于测点所在的通道西侧，监测无风道加强影响的背景环境舒适度特征。

B检测点：总体来讲是4个检测点中环境舒适度水平最高的。在对比组测点风环境数据为1~2m/s的情况下，此处表现为无风；热舒适度水平显著高于对比测点；负氧离子水平也高于对比组测点。景观设计中应在此布局水体等景观以及休憩区，从而营造负氧离子及热舒适度水平较高的环境。

C检测点：在环境舒适度水平上仅次于B试验点。整体风环境表现为微风。热舒适度水平较高的同时负氧离子水平也高于对比测点。该处宜布局景观型的植物群落，着重以景观绿地的方式对环境舒适度进行改善并尽可能地发挥其微环境效益。

D检测点：位于项目场地西侧边界，临近城市道路位置，本测点3组探头，布局于测点位置向北进入建筑环境的不同距离上（10~30m）。测定结果显示，试验组测点平均风速要高于对比组测点风速（10%~15%），而热舒适度水平、负氧离子水平（1050~1230）则较对比组略有降低或基本持平。

（2）本底检测数据分析及结论

1）本底舒适度评价

对比组位于城市道路边，指示城市原始舒适度环境。

总体环境舒适度评价：

风环境水平：B>C>D>A（冬季主导风向）；D>C>B>A（夏季主导风向）

热舒适度水平：C>B>D>A

负氧离子水平：B>C>D>A

总体环境舒适度水平：B>C>D>A

2）对技术措施实施方向给出指导意见

针对冬季风速较大的区域，采取局部种植常绿乔木和灌木的方法，减缓风速，引导越境风的绕流；采用落叶乔木，增加夏季遮阳，但不设灌木，利于人脸高度的空气流通；采用屋顶绿化、雨水花园等低影响开发技术，改善热舒适度环境。

5.3.3 示范技术应用

针对本项目特征，在项目工程中实施了下列技术：①改善环境舒适度的室外绿地布局优化技术，示范通过水系和植物群落布置调节微气候的技术；②室外绿地雨水回渗技术，示范下凹绿地，透水铺装及地面、地下渗排水系统综合配置技术；③室外水环境生态修复技术；④新型立体绿化技术，示范新型立体绿化材料的设计和安装技术；⑤室外水环境高效节水技术，借助水量平衡与节水技术成果，示范雨水综合利用与高效节水技术。

5.3.3.1 示范技术①改善环境舒适度的室外绿地布局优化技术的实践

对地形进行有效利用和改造，最大化绿化面积，种植乡土植被。地块整体竖向以顺应原始地貌、避免干扰水库水体为原则设计。东侧绿地南岸、北岸形成植被缓冲带完成对雨水净化后汇流入水库。地块其余铺装场地向水库找坡，大部分地表径流都可以通过雨水管网收集后通过湿地净化后排入水库。

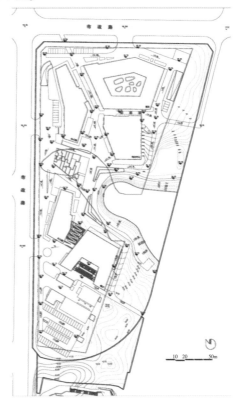

图 5-102　室外绿地布局优化技术

5.3.3.2 示范技术②室外绿地雨水回渗技术的实践

为了最大限度地收集雨水，在德国企业中心园区内部应用了一系列景观技术措施处理汇入场地内的雨水，削减地表径流污染，回补地下水，洼地蓄水减小市政管网排水压力，同时向水库排放经净化的雨水径流。

雨水的来去主要有三个方面：①区域雨水。德国企业中心作为片区的重要生态节点，不仅需要调蓄场地自身的雨水，还承担着生态园片区内的雨水排放压力。生态园片区内通过市政管网收集的雨水，在园区共有3处出水口，一处是区域市政雨水管线（共3根），另两处是片区小市政雨水管线出水口。通过3处管径600的雨水管以此处湿地驳岸为管网末端排入水库。②建筑屋面的雨水。

图 5-103　雨水经过滤后排入河洛埠水库

包括屋面雨水、中庭屋顶花园雨水。屋面雨水有组织的收集和排放。在草地边缘的建筑立面雨水落入景观设计的导流排水沟。建筑中庭花园排水，经地表排水沟以及种植池过滤经地下室顶板的找坡排水板流入建筑排水管。以上的雨水排放最终排至雨水管道，经沉沙缸过滤及人工湿地后排入河洛埠水库。③地表雨水。透水铺装及大面积的绿地以及生态洼地具有一定面积的蓄存雨水能力，对调蓄暴雨的初期雨水有一定的作用。这一部分雨水回渗土地涵养了土壤。另一部分地表径流的雨水排入雨水管道，经沉沙缸过滤及人工湿地后排入河洛埠水库。

图 5-104　室外绿地雨水回渗技术

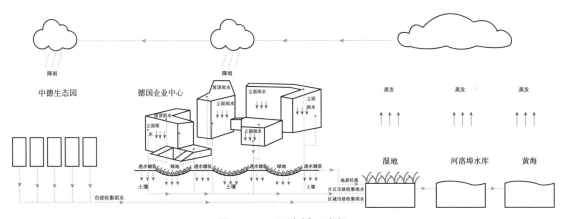

图 5-105　雨水循环流程

（1）下凹绿地设计

地块内共设置了3处生态洼地，其中两处在地块东南侧的大片绿地内，利用地形组织地表径流，收集雨水。生态洼地中种植的主要植物种类有黄菖蒲、花叶芦竹、细叶芒等，生长状况良好。

图 5-106　生态洼地

在停车场周边也设置了生态洼地，收集大面积铺装上的地表径流雨水。种植植物为花叶芦竹和鸢尾，同时增设溢流口，保障超标雨水安全排放。

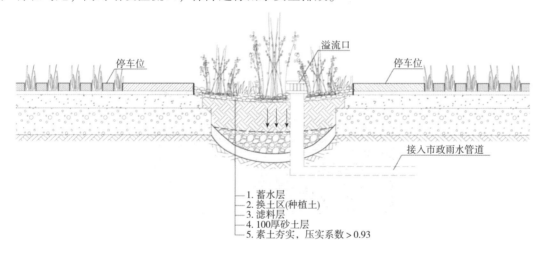

图 5-107　生态洼地做法

（2）铺装设计

硬化路面上收集的雨水，在汇入水库之前需要经过两道净化，首先雨水经排水管接入水库边缘地埋式沙缸，进行初步沉淀。经过初步沉淀过滤后的雨水通过驳岸中的出水口流入湿地进行第二道净化。

图 5-108　停车场设置生态洼地

透水铺装自身的良好渗水性是雨水回补土地的直接途径。

在铺装材料的选择上，除了部分建筑檐口以内、重要出入口位置、台阶等选用石材，其他均选用透水材料，包括露骨料混凝土、植草砖、木地板。场地中透水铺装的使用比例达到了40%。

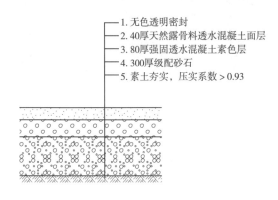

1. 无色透明密封
2. 40厚天然露骨料透水混凝土面层
3. 80厚强固透水混凝土素色层
4. 300厚级配砂石
5. 素土夯实，压实系数 > 0.93

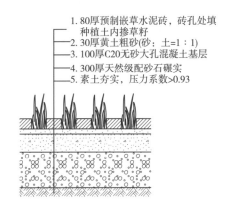

1. 80厚预制嵌草水泥砖，砖孔处填种植土内掺草籽
2. 30厚黄土粗砂(砂：土=1：1)
3. 100厚C20无砂大孔混凝土基层
4. 300厚天然级配砂石碾实
5. 素土夯实，压力系数>0.93

图5-109　铺装设计

5.3.3.3　植被缓冲带示范技术③室外水环境生态修复技术的实践

为了最大限度地减小土地开发对水库原有生态系统的破坏，景观设计从驳岸和植物设计上以对水库生态系统扰动最小为原则进行修复设计，维护原有生态系统。利用植被对水体的净化作用，使流入水库的雨水径流污染得到消减，丰富的植被搭配形成植被缓冲区净化体系。一方面，道路广场形成的雨水径流，经过乔灌草搭配的植物缓冲区和驳岸湿地区得到净化。另一方面，片区和区域市政管线收集的雨水也通过地被层的净化后排入水体。

本项目充分发挥了地被层的净化作用。地被植物的搭配以植物生长习性相近为原则，根据生境条件将地被划分为4种类型，即组合A、B、C、D。对应生境分别为干—半干、半干—潮湿、半湿—潮湿、湿生。

种植设计与驳岸设计相结合。驳岸设计以百年一遇洪水位33.50m为依据，在此高度上沿驳岸设计亲水木栈道，标高为34.00m。水库周边的广场道路标高均控制在百年一遇洪水位以上。驳岸坡度≤1：3，分层夯实。以木栈道为界，远离湖区方向为组合A，面向湖区方向依次组合B、C、D。

其中，组合A、B、C的种植形式为草花混播。草花混播是人为筛选一二年生、多年生花卉，经人工调和配置并通过混合播种建立的一种模拟自然景观的种植形式。草花混播具有建植和管理投入少、养护成本低的优点，能达到色彩丰富、花期持久的景观效果，具有优良

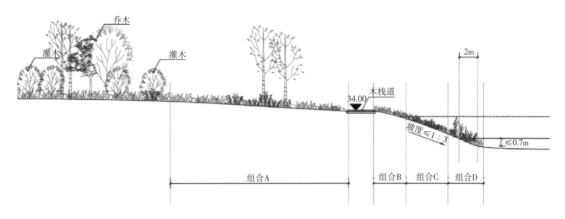

图 5-110　植物缓冲区剖面示意

的生态效益。其所具有的自我更替能力和丰富的物种多样性有利于保护本地野生物种，还能为昆虫、小动物提供栖息地，有助于场地生态修复。

本项目采用人工播种方法，在 2015 年 7 月进行第一次播种。后根据植被长势情况，于 2016 年进行补播。由于草花混播植物种类的选择需要综合考虑种间关系、植物盖度、景观效果等诸方面因素，各种花卉组合的比例是野花组合应用技术的核心。

组合 D 的植物种类选择以挺水植物为主，主要包括水蓼、水葱、德国鸢尾、花叶芦竹、狭叶香蒲、千屈菜、芦苇、再力花等。一方面水生植物可以抑制藻类生长，过滤杂质，起到净水的作用。例如，芦苇对水中悬浮物、氯化物、有机氮、硫酸盐均有一定的净化能力，水葱能净化水中酚类。另一方面，水生植物的根际为微生物的生存和营养物质的降解提供了必要的场所和好氧条件，形成良好的栖息地环境。

图 5-111　花卉混播

花卉混播符合构建节约型园林、生态型园林和可持续发展的需求，具体表现有以下 4 点：①节约构建成本，花卉混播构建植物景观的成本不到传统的育苗栽植构建景观成本的 10%，造价在 2~3 元/m²。②降低养护成本，花卉混播能够节约植物景观建成后期的养护管理投入，播种的植物将地表覆盖后，就不再需要田间管理，只在每年秋季或早春萌发前，割除地上枯枝落叶即可，可大大节省养护费用。③节约绿化用水，花卉混播景观建成后，除非特别干旱，全年无需给予灌溉。④高生态效益，花卉混播在对雨水的截流、昆虫的吸引和降低 PM2.5 方面都能起到比单一植物构成的景观更高的生态效益。整个植被缓冲区以生境特征为设计依据，并且综合考虑景观使用功能和视线组织要求，形成了富于四季变幻的自然景观效果。

附表 1　草花组合 A

组合 A	潮湿-半湿	设计株数(m²)	千粒重(g)	萌发率(%)	理论用量(g/m²)	损失系数	实际用量(g/m²)	草 30%	
黄菖蒲	*Iris pseudacorus*	10.00	83.917	50.00	1.6783	2	3.3567	早熟禾	70%
剪秋罗	*Lychnis fulgens*	8.00	0.512	96.67	0.0042	8	0.0339	高羊茅	10%
千屈菜	*Lythrum salicaria*	12.00	0.041	3.33	0.0148	10	0.1476	紫羊茅	20%
山桃草	*Gaura lindheimeri*	5.00	15.953	33.33	0.2393	2	0.4786		
加拿大美女樱	*Verbena hybrida*	10.00	2.86	50.00	0.0571	3	0.1714		
金鸡菊	*Coreopsis basalis*	10.00	2.56	46.67	0.0549	3	0.1648		
西洋滨菊	*Chrysanthemum leucanthemum*	10.00	1.04	83.33	0.0125	2	0.0250		
蓝亚麻	*Linum perenne*	10.00	1.25	83.33	0.0150	2	0.0300		
堆心菊	*Helenium bigelovii*	6.00	5.00	50.00	0.0600	3	0.1800		
金光菊(黑眼)	*Rudbeckia hirta*	4.00	0.635	93.33	0.0027	4	0.0109		
百日草(矮,混色)	*Zinnia elegans*	10.00	7.059	56.67	0.1246	2	0.2491		
硫华菊	*Cosmos sulphureus*	4.00	8.934	90.00	0.0397	2	0.0794		
马洛葵	*Malope trifida*	6.00	4.004	73.33	0.0328	3	0.0983		

附表 2　草花组合 B

草花混播 B	半干—潮湿	设计株数(m²)	千粒重(g)	萌发率(%)	理论用量(g/m²)	损失系数	实际用量(g/m²)	草 30%	
石竹	*Dianthus chinensis*	12.00	0.802	80.00	0.0120	3	0.0361	草地早熟禾	70%
耧斗菜	*Aquilegia viridiflora*	8.00	1.453	36.67	0.0317	3	0.0951	早熟禾	30%
美丽月见草	*Oenothera speciosa*	10.00	0.162	20.00	0.0081	4	0.0324		
花葱	*Allium schoenoprasum*	13.00	1.085	20.00	0.0705	3	0.2116		
轮峰菊	*Scabiosa lacerifolia*	12.00	3.882	63.33	0.0736	2	0.1471		
宿根鼠尾草	*Salvia officinalis*	6.00	1.25	50.00	0.0150	3	0.0450		
柳叶马鞭草	*Verbena bonariensis*	10.00	0.199	60.00	0.0033	8	0.0265		
蛇鞭菊	*Liatris spicata*	5.00	3.335	70.00	0.0238	8	0.1906		
柳穿鱼	*Linaria vulgaris*	15.00	0.075	73.33	0.0015	10	0.0153		
茼蒿菊	*Chrysanthemum frutescens*	5.00	1.517	30.00	0.0253	3	0.0759		
蛇目菊	*Sanvitalia procumbens*	10.00	3.371	90.00	0.0375	2	0.0749		
翠菊	*Callistephus chinensis*	8.00	2.00	50.00	0.0320	3	0.0960		

附表 3　草花组合 C

草花混播 C	干—半干	设计株数(m²)	千粒重(g)	萌发率(%)	理论用量(g/m²)	损失系数	实际用量(g/m²)	草 50%	
蓍草	*Achillea sibirica*	8.00	0.118	83.33	0.0011	3	0.0034	紫羊茅	50%
西洋滨菊	*Chrysanthemum leucanthemum*	8.00	1.04	83.33	0.0100	3	0.0300	草地早熟禾	50%
小冠花	*Coronilla varia*	10.00	4.000	50.00	0.0800	3	0.2400		

（续）

草花混播 C	干—半干	设计株数(m²)	千粒重(g)	萌发率(%)	理论用量(g/m²)	损失系数	实际用量(g/m²)	草50%
宿根鼠尾草	*Salvia officinalis*	8.00	1.25	50.00	0.0200	4	0.0800	
金光菊(黑眼)	*Rudbeckia hirta*	8.00	0.635	93.33	0.0054	4	0.0218	
喜盐鸢尾	*Iris halophile*	6.00	66.130	50.00	0.7936	2	1.5871	
松果菊	*Echinacea purpurea*	6.00	4.020	76.67	0.0315	3	0.0944	
柳叶马鞭草	*Verbena bonariensis*	12.00	0.199	60.00	0.0040	4	0.0159	
蓝亚麻	*Linum perenne*	10.00	1.508	83.33	0.0181	3	0.0543	
桔梗	*Platycodon grandiflorus*	8.00	0.906	80.00	0.0091	3	0.0272	
翠菊(矮重瓣)	*Callistephus chinensis*	12.00	2.00	50.00	0.0480	3	0.1440	
向日葵(矮重瓣)	*Helianthus annuus*	3.00	50.00	80.00	0.1875	1	0.1875	
波斯菊(矮秆)	*Cosmos bipinnatus*	8.00	6.047	16.67	0.2903	2	0.5805	
锦葵	*Malva sinensis*	5.00	3.030	50.00	0.0303	2	0.0606	

说明：植物理论用种量（每平方米）=设计株数/萌发率×（千粒重/1000），植物实际用种子量（每平方米）=理论用种量×损失系数，损失系数（按种子大小，大粒2~3，中粒3~4，小粒8~10），我们的千粒重，萌发率都是用的实验室数据。不同供货商种子数据会有差异，若购买种子最好向供货商问清楚这些参数，以便于调整修改。草的用量是按照质量比。

图5-112　花卉混播效果（2015年5月拍摄）

图5-113　花卉混播效果（2015年6月拍摄）

驳岸出水口的设计采用了自然叠石处理，一方面减缓瞬时水流对驳岸的冲击，减少水土流失，同时能够将一部分杂质过滤沉淀，以免在出水口周边造成泥沙沉积，影响周边植物生长。叠石与水生植物搭配种植，形成了自然、朴野的景观效果。

5.3.3.4　示范技术④新型立体绿化技术的实践

屋顶是城市的第五立面，本项目中除酒店屋面为铺设的光伏板以外，全部采用了屋顶花园的模式。屋面铺装全部为木地板，雨水直接落在找坡层排入屋面雨水沟。屋面种植采用无机轻质

图5-114　驳岸出水口

土，满荷载为650kg/m²。种植系统下层雨水通过200g/m²的无纺布经排水板导流至建筑预留雨落水口。雨水经落雨管流入室外排水系统并最终汇入水库。

以植物作为最好的雨水过滤媒介，屋顶花园的设计尽可能地提供大面积的种植区域，选用了耐旱的植物品种。在坡度>25°的屋顶进行绿化时，应用了增设挡墙配合使用生态袋堆叠的施工方法，在生态袋内填充轻质种植土并播种草籽，解决了在大坡度屋顶进行绿化栽培基质容易流失的问题。

在生态自行车棚的设计中，以钢绳牵引攀缘植物作为自行车棚的外维护界面。有效分隔了空间，同时做到通风透光，减少了照明的使用。棚顶增设太阳能板，雨水收集后排入生态雨水回渗渠。

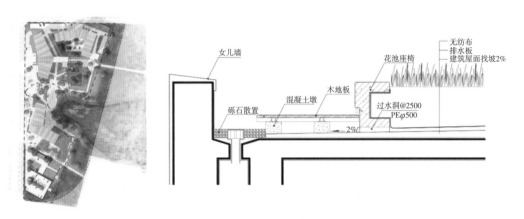

图 5-115　屋顶绿化技术

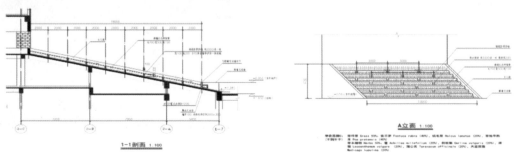

图 5-116　屋面种植铺装剖面做法

图 5-117　坡面屋顶绿化

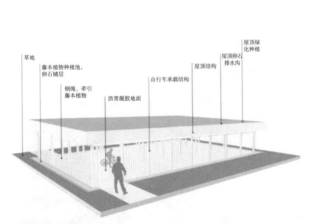
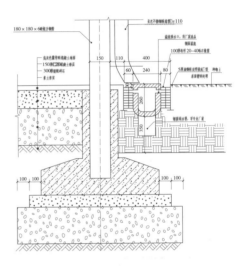

图 5-118　生态自行车棚　　　　　　　　图 5-119　利用卵石进行掩饰

　　屋面雨水排入景观水系统时采用了不同的景观处理方式，利用多种排水成品与景观铺装结合，与草地结合，以及利用卵石的掩饰等。

5.3.3.5　示范技术⑤室外水环境高效节水技术的实践

　　在灌溉设计中根据景观绿化植物种类及植被位置进行了系统的合理选择。根据不同的气候、土壤和栽培条件来制定灌溉制度，包括灌水次数、灌水时期和灌水量等。

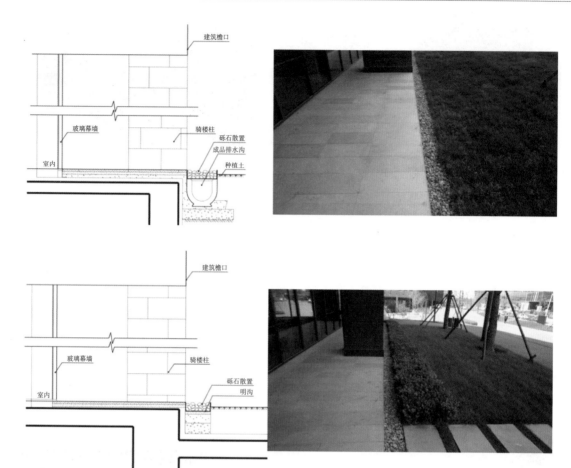

图 5-120　地面滴灌系统

（1）地面及屋顶滴灌系统

中德生态园地面层园区内西侧种植池及小范围绿化种植区内设置滴灌灌溉系统，此系统的优点是节水，安装、维修方便。中德生态园屋顶种植绿化区域内也设置了滴灌系统，设置范围包括北区 GECC 二层及三层屋面、南区餐厅二层屋面及商务楼九层屋面。屋顶绿化在植物种类选择上多以地被植物、宿根花卉和藤本植物为主，这类植物根系分布较浅，需水量较大。结合以上因素，设计选择的是灌溉强度较小且灌溉精准的 De16 滴灌带灌水器，这样就直接以精准和有效的方式向植物的根区提供养分和水，这种方式也弥补了由于浅根层造成的营养水分不足的问题。屋顶通常情况下风力较其他地方大，如果使用喷灌，难免受到风的影响，造成喷灌干扰其他地方活动的问题。本项目灌溉采用的水源为中水，在屋顶使用会将水雾散发在大气中，水中细菌及病毒等会对人体造成不良影响。此外，滴灌针对根部的高效灌水特性可以让屋顶的栽培基质含水量不会过高而给屋顶载荷造成压力，对顶板防水也有一定好处。

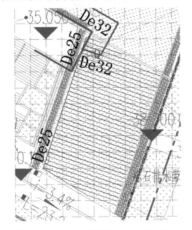

图 5-121　屋顶滴灌系统设计图

图 5-122　餐厅滴灌系统屋面种植效果

（2）地面微喷灌系统

中德生态园地面层东部绿地采用的是喷灌与微喷灌结合的灌溉方式，微喷灌是利用直接安装在毛管上或与毛管连接的微喷头将压力水以喷洒状湿润土壤。微喷头有固定式和旋转式两种。前者喷射范围小，水滴小；后者喷射范围较大，水滴也大些，故安装的间距也比较大。微喷头的流量通常为 20~25L/h。微喷是按作物需水要求适时适量地灌水，仅湿润根区附近的土壤，因而显著减少了水的损失。微喷是管网供水，操作方便，效率高，而且便于自动控制，因而可明显节省劳力。另外，微灌系统能够做到有效地控制每个灌水器的出水流量，灌水均匀度高，一般可达 80%~90%。微喷的灌溉还具有强度小的优点，其喷出的水滴较小，在保证植物根系活动需要的水、热、气、养分的前提下，也可以起到降尘、降温的作用，特别适合园区草坡上种有低矮地被的区域，细水雾般的水体不会对植株花瓣造成破坏，在保证植物生存所需水量的前提下又保护了植被的美观效果。

5.3.4　评价及结论

5.3.4.1　建成后水质检测及结论

（1）检测背景及现状

城市面源污染引起的城市水环境问题以及对受纳水体污染问题日益受到人们的重视。降雨冲刷城市表面（如道路、屋面等）的沉积物和淋洗大气中污染物已成为城市水体污染物的主要因素。目前城市雨水径流一般自流进入水体，对水体造成严重污染，一般认为初雨的污染负荷较高，其 COD、氨氮等浓度与城市生活污水相当。

水体绿地护坡系统（植被缓冲带）是德国企业中心景观项目运用的室外水环境生态修复

技术中重要的组成部分。其通过削减地表径流，吸收径流中的污染物质，达到控制雨水径流和净化水质的目的。

（2）检测点设置

由于缺乏地表径流相关的污染检测数据，本次仅检测了水体绿地护坡系统对景观水体所携带污染物的去除量。并对现场残留雨水进行了取样以供对比分析。水质检测过程中，除 A 点雨水作为对比测点水样与原水水质有差别，B、C 检测点均为 C 点所取原水水样。其中考虑到初期雨水与后期雨水的污染差距较大，故在 B 点于 30 分钟和 60 分钟时分别取样。

A 检测点：位于雨水总管出口位置，下方沿坎处有前天残留雨水取样以供与原水水样对比分析。

B 检测点：位于水体绿地护坡系统上沿位置，距离项目内景观水体边岸 100m 距离。着重对水体绿地护坡系统对于水质的改善功

图 5-123　水样取水检测点分布图

能与效益进行监测。因考虑初期雨水及降雨历时对水质的影响，本测点设置两组对比数据，分别于原水抽取后 30 分钟及 60 分钟取样。

C 检测点：位于项目景观水体内，初始水样取点处，并作为原水抽取至 B 点。

（3）检测数据

依据减少的径流量、雨水中污染物含量以及绿地对雨水中污染物的去除率，可以得出水体绿地护坡系统去除污染物的量。

水样检测准备

湖水原水水样收集

雨水排口入库状况

抽水水管现场连接布置

水管端头出水至净化草坡坡顶

水样流经植物根系及叶片

图 5-124　建成后水质监测

检测结果一览表

检测项目	限值	H16389505 湖水原水 检测结果	H16390505 雨水进水 检测结果	H16391505 流经植被缓冲区净化后 30min 出水 检测结果	H16392505 流经植被缓冲区净化后 60min 出水 检测结果
pH 值(25℃)(无量纲)	6-9	7.37	7.49	7.27	7.21
溶解氧(mg/L)	≥3	8.6	6.6	7.7	8.0
高锰酸盐指数(以 O_2 计)(mg/L)	≤10	2.14	5.68	7.37	8.42
化学需氧量 COD_{Cr}(mg/L)	≤30	14.7	26.4	39.7	39.2
五日生化需氧量 BOD_5(mg/L)	≤6	4.1	7.6	11.9	11.2
氨氮(以 N 计)(mg/L)	≤1.5	0.258	2.38	0.130	0.203
总磷(以 P 计)(mg/L)	≤0.3(湖, 库 0.1)	0.22	0.55	0.86	0.92
总氮(以 N 计)(mg/L)	≤1.5	7.76	5.73	5.95	6.41
铜(mg/L)	≤1.0	未检出(<0.01)	未检出(<0.01)	未检出(<0.01)	未检出(<0.01)
锌(mg/L)	≤2.0	未检出(<0.01)	未检出(<0.01)	未检出(<0.01)	未检出(<0.01)
汞(mg/L)	≤0.001	未检出(<0.00005)	未检出(<0.00005)	未检出(<0.00005)	未检出(<0.00005)
镉(mg/L)	≤0.005	未检出(<0.001)	未检出(<0.001)	未检出(<0.001)	未检出(<0.001)

（续）

检测项目	限值	H16389505 湖水原水 检测结果	H16390505 雨水进水 检测结果	H16391505 流经植被缓冲区净化后 30min 出水 检测结果	H16392505 流经植被缓冲区净化后 60min 出水 检测结果
铬(六价)(mg/L)	≤0.05	未检出(<0.004)	未检出(<0.004)	未检出(<0.004)	未检出(<0.004)
铅(mg/L)	≤0.05	未检出(<0.005)	未检出(<0.005)	未检出(<0.005)	未检出(<0.005)
氰化物(以 CN⁻计)(mg/L)	≤0.2	未检出(<0.004)	未检出(<0.004)	未检出(<0.004)	未检出(<0.004)
挥发酚(以苯酚计)(mg/L)	≤0.01	0.0085	0.0080	0.0079	0.0129
石油类(mg/L)	≤0.5	0.28	0.08	0.59	0.76
阴离子表面活性剂(mg/L)	≤0.3	未检出(<0.05)	未检出(<0.05)	未检出(<0.05)	未检出(<0.05)
硫化物(mg/L)	≤0.5	未检出(<0.005)	未检出(<0.005)	未检出(<0.005)	未检出(<0.005)
粪大肠菌群(个/L)	≤20000	3500	5400	54000	35000
色度(倍)	——	4	8	32	32
浑浊度(NTU)		16.9	2.1	80.5	31.0
臭和味	——	无异臭、异味	有异臭、异味	无异臭、异味	无异臭、异味

由以上检测结果可知，水体绿地护坡系统可以有效地去除雨水径流中的总氮、总磷含量，不同时段污染物去除量存在一定差异。绿地去除污染物的数量主要影响因素有植物生长季节性、土壤含水率等因素：

①植被叶片及根系主要对总氮、氨氮有去除效果，对其他污染物暂无明显去除效果；

②30 分钟内初期雨水净化效果比 60 分钟后净化效果好，因初期雨水与植被完全接触、净化效果较好。60 分钟后土壤含水率饱和、形成地表径流，水力停留时间减少，植物叶片净化效果与初期雨水相比降低，水质更接近原水水质；

③因测试期为秋末，当地不处于雨季，植被生长势降低，现场有较多枯草。一方面削弱植被净化效果，另一方面地表尘土混入原水，造成其他数值上浮。

（4）检测结论

数据证明，水体绿地护坡系统主要对水体中总氮、氨氮有较明显的净化效果。在雨季植物生长茂盛、根系发达，并且处于自然间歇的降雨中将有更为明显的净化效果。

5.3.4.2 建成后数据检测分析及结论

（1）本底检测数据

2014 年 8 月 22~24 日进行了示范地本底环境测试。青岛地区气候温和，加上水库的影响，局部气候环境较为理想。

1）风速检测数据

受建筑布局的影响，风环境受到扰动较大，风速、风向易变，实测数据表明各测点和各时间内波动较明显。设计时宜重视风道效应，合理缓冲，以降低风速、均衡气流。

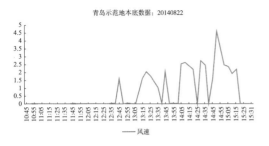

青岛示范地本底数据：20140822

青岛示范地本底数据：20140823

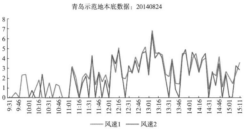

青岛示范地本底数据：20140824

2）温度检测数据

环境温度整体水平比较适中，没有出现极热现象。但是早晚与中午有较大温差。现有建筑布局和周边环境有利于进一步进行热舒适度改善的工作。

青岛示范地本底数据：20140822

青岛示范地本底数据：20140823

青岛示范地本底数据：20140824

3）相对湿度检测数据

监测数据随时间变化较大，但是测试点和对照点相差不大。由于局部地区地理环境的影响，相对湿度在50%~65%范围变化，比较稳定。

青岛示范地本底数据：20140822

青岛示范地本底数据：20140823

4）辐射强度检测数据

各测点辐射强度水平较为一致，分布均衡，相对于对照点的波幅，测点辐射强度波动较小。

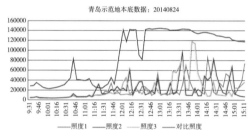

（2）建成环境检测数据

2016年7月和10月，分别对建成环境进行了实测，共设置了4个检测点：

A点主要测试风环境效应，对风口、风道等对环境舒适度的影响进行研究；B点为临水景观区域；C点为绿地景观区域；D点为城市道路及基地边界地区。

经过实测，基地内部水系与植物群落布置对微气候起到了调节作用，由于下垫面变化、立体绿化等多种因素，在热湿环境、风环境优化方面取得明显效果。

1）风速检测数据

对比夏季和秋季数据，夏季各测点风速有所提高，秋季风速有所抑制，对室外舒适度是有利的。见附图。

①夏季

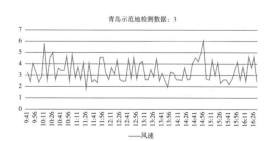

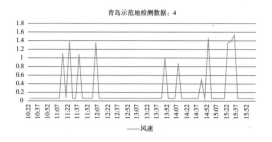

青岛示范地检测数据：4

②秋季

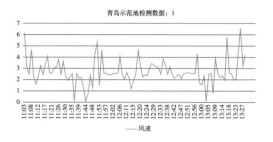

青岛示范地检测数据：1

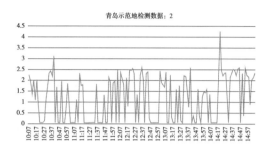

青岛示范地检测数据：2

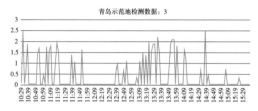

青岛示范地检测数据：3

2) 温度检测数据

相对来说，夏季大部分区域测点温度水平低于对照点，环境改善效果较好。秋季风小地区测点温度水平甚至高于对照点，各测点与对照点温度相差不大。说明绿地植被对稳定周边热环境有一定帮助。

①夏季

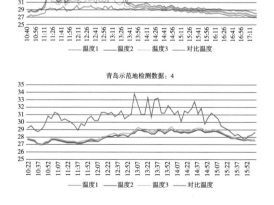

青岛示范地检测数据：2

青岛示范地检测数据：4

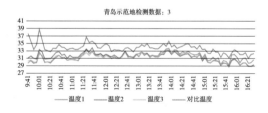

青岛示范地检测数据：3

青岛示范地检测数据：5

②秋季

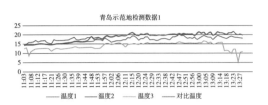

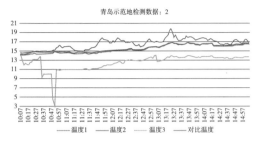

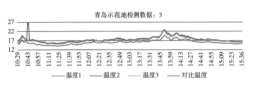

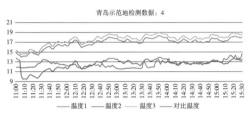

3) 相对湿度检测数据

夏季的相对湿度曲线变得较为平缓,说明一天之内的波动减少了,应该是植被和水系的共同作用。秋季的 A、B 两点日波动仍然比较大,而 C、D 两点则变得比较均衡,A、B 点受水库、风道的影响大于 C、D 点,随着立体植物体系的成熟,情况将有所改观。

①夏季

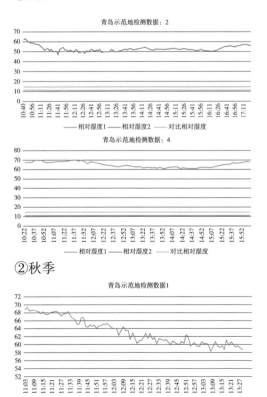

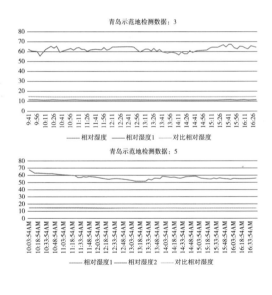

②秋季

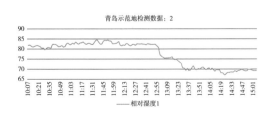

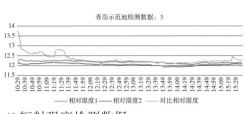

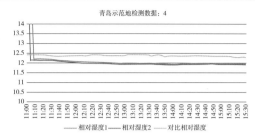

4）辐射强度检测数据

总体上受植物群落的影响，辐射强度得到了控制，相对本底数据各测点均有所降低。其波动和稳定性受环境绿化的影响较为明显。

①夏季

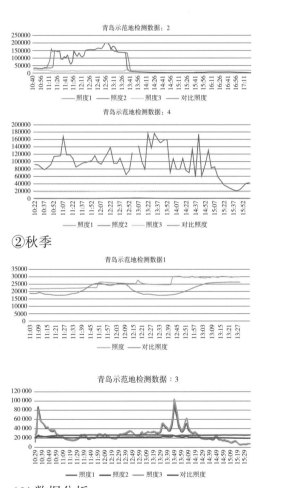

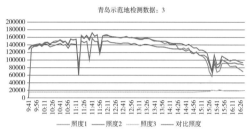

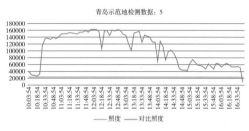

②秋季

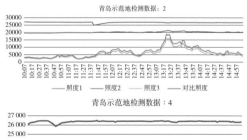

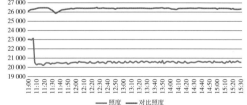

（3）数据分析

该示范地主要特征是水体面积大，对气温有明显降低的功效，技术措施充分利用地理优势，使温度环境得到改善，夏季温度略低于参照点，而冬季温度略高于参照点，对提高局部区域的热舒适性有帮助。但是水体面积大，相对湿度较高，各季节均明显高于本底数据。地形设计与立体绿化设计，对基地内通风起到一定的作用，缓解了相对湿度过高的问题。立体绿化吸收太阳辐射，辐射强度整体为降低趋势。

5.3.4.3 建成后模型模拟分析及结论

通过对建成后环境进行模拟，得到下列分析图：

夏季：

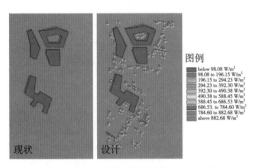

图 5-125 本底与设计场景的直接短波辐射对比图

（2015 年 7 月 24 日 10：00，夏季典型日）

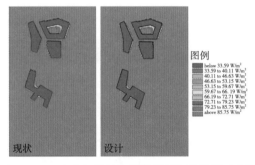

图 5-126 本底与设计场景的散射短波辐射对比图

（2015 年 7 月 24 日 10：00，夏季典型日）

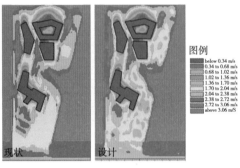

图 5-127 本底与设计场景的风速对比图

（2015 年 7 月 24 日 10：00，夏季典型日）

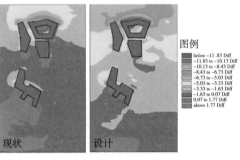

图 5-128 本底与设计场景的压力扰动对比图

（2015 年 7 月 24 日 10：00，夏季典型日）

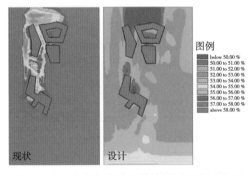

图 5-129 本底与设计场景的相对湿度对比图

（2015 年 7 月 24 日 10：00，夏季典型日）

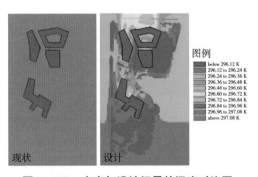

图 5-130 本底与设计场景的温度对比图

（2015 年 7 月 24 日 10：00，夏季典型日）

冬季：

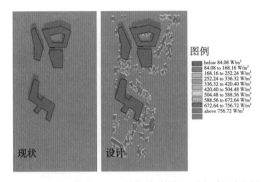

图 5-131　本底与设计场景的直接短波辐射对比图
（2015 年 12 月 29 日 10：00，冬季典型日）

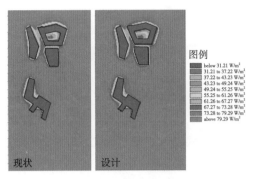

图 5-132　本底与设计场景的散射短波辐射对比图
（2015 年 12 月 29 日 10：00，冬季典型日）

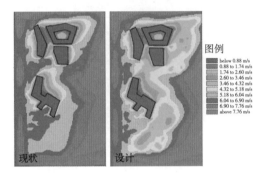

图 5-133　本底与设计场景的风速对比图
（2015 年 12 月 29 日 10：00，冬季典型日）

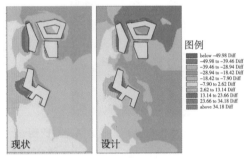

图 5-134　本底与设计场景的压力扰动对比图
（2015 年 12 月 29 日 10：00，冬季典型日）

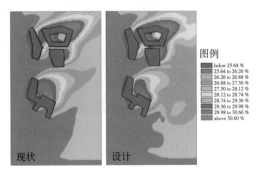

图 5-135　本底与设计场景的湿度对比图
（2015 年 12 月 29 日 10：00，冬季典型日）

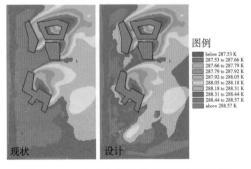

图 5-136　本底与设计场景的温度对比图
（2015 年 12 月 29 日 10：00，冬季典型日）

春季：

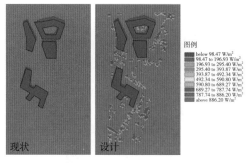

图 5-137　本底与设计场景的直接短波辐射对比图

（2016 年 3 月 19 日 12：00，春季典型日）

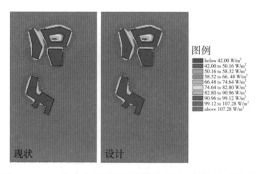

图 5-138　本底与设计场景的散射短波辐射对比图

（2016 年 3 月 19 日 12：00，春季典型日）

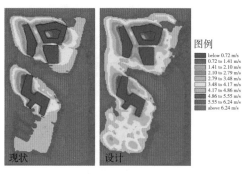

图 5-139　本底与设计场景的风速对比图

（2016 年 3 月 19 日 12：00，春季典型日）

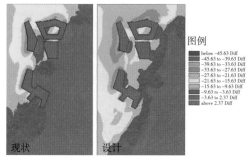

图 5-140　本底与设计场景的压力扰动对比图

（2016 年 3 月 19 日 12：00，春季典型日）

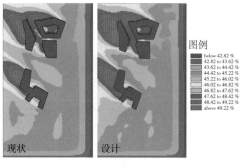

图 5-141　本底与设计场景的相对湿度对比图

（2016 年 3 月 19 日 12：00，春季典型日）

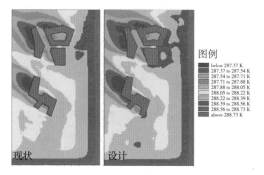

图 5-142　本底与设计场景的温度对比图

（2016 年 3 月 19 日 12：00，春季典型日）

经过测评认为：

局部微地形及周边灌木的处理，对整体风环境的平顺，以及越境风上升流过建筑具有有利的影响；屋顶绿化和垂直绿化有效地减少建筑及建筑群的辐射热；综合来看，通过景观处理，特别是遮阳，本项目室外环境中次舒适范围（以 WBGT<30 计），在 7 月 26 日 12：00 增加了约 600m²。

5.3.5　总结

本项目设计注重维护基地生态自然环境，通过屋顶绿化和垂直绿化措施，使局部环境的空气、水分形成循环系统，环境辐射强度降低，温度适宜，取得良好的室外环境效果。

经过舒适度参数计算及实际监测数据分析，该示范地实现了室外环境舒适度改善的设计目标。

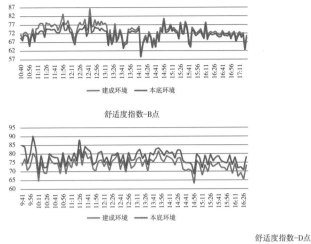

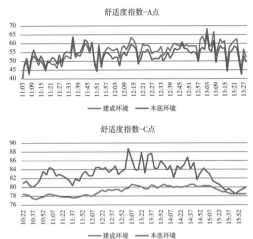

由于水体的蒸发降温作用，吸收太阳短波辐射，显著提高了环境舒适度。与立体绿化的结合，注意乔木、灌木的科学搭配，改变了气流环境，同时，土壤改良和地形的改善，综合调节了环境相对湿度，多方面协调改善了环境物理要素，提高了人的热舒适度。整个项目空间尺度合理，水体与绿地布局相得益彰，项目采用了大量乡土植被，环境优美。

示范地的数字模拟和建成环境监测都论证了设计达到预期目标，建筑室外环境舒适度得以改善。

5.4 上海中国住宅梦公园项目

5.4.1 项目概况

上海中国住宅梦公园项目位于上海普陀区同普路与真北路交口东南角。基址原为以厂房及办公楼为主的工厂大院。项目以东为吴淞河的北上之流，以西为上海中环大道。本项目用地面积为 77626m²，分为两期实施，一期为 19940m²，二期为 57686m²。

住宅梦公园整体定位为绿色环保住宅示范集成展示景观为载体的生态景观项目。一期包括园区内楼间绿地、建筑周边景观设计，以及原老厂房用地公园改造。二期包括室外展示区及生态景观展示及市民活动场所。

5.4.2 基址分析

5.4.2.1 建筑环境本底信息

园区由几栋主要的建筑组成，分别是门房、综合办公楼、食堂和厂房。建筑之间的围合关系将场地划分为几个功能区块，包括入口公共广场、停车区、办公区和休憩区。

图 5-143　基地内建筑分析图

5.4.2.2 本底环境模型模拟

（1）模型的建立及描述

本项目模拟技术思路同北大方正医药研究院。

本项目东西宽约 190m，南北长约 170m，最高点 18m。采用预设网格法对本项目进行建模描述，每个网格空间尺度为 2m，总网格规模为 $135 \times 92 \times 30$。图 5-144 为本底模拟时设定的模型平面图及设计模拟时的平面图。

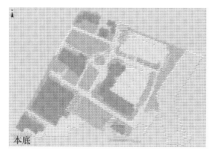
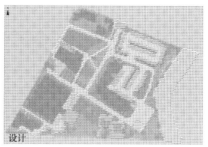

图 5-144　在 ENVI-met 中建立的本底模型与设计模型

（2）局地气候条件

上海属北亚热带季风性气候，雨热同期，日照充分，雨量充沛。气候温和湿润，春秋较短，冬夏较长，年平均气温 17.1℃。1949 年以后极端最高气温 39.9℃（2013 年 8 月 6 日、8 日），极端最低气温-10.1℃（1977 年 1 月 31 日）。春秋较短，冬夏较长。

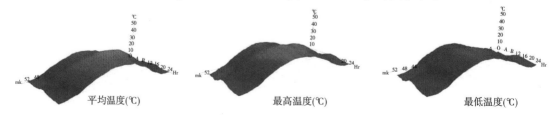

图 5-145　上海逐日平均温度、最高温度与最低温度统计图

上海冬季西北风较多，夏季多东南风，全年西南风最少，春季平均风速最大，秋季风速最小，冬季夏季相差无几。上海大风原因：冷空气、热带气旋、温带气旋、雷雨大风等。

全年无霜期约 230 天，年平均降水量 1159.2mm，一年中 60%的降水量集中在 5~9 月的汛期。汛期有冬春之交大型连阴雨雪天气（2 月底至 3 月初，也叫冬梅雨季）、梅雨（通常始于 6 月中旬，结束于 7 月上旬）、秋雨 3 个雨季，6 月平均降雨量最大。上海高温一般出现在 6~9 月。

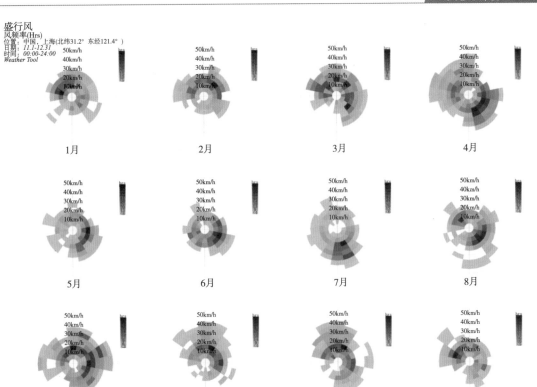

图 5-146　上海各月风速、风向、风频三参数统计图

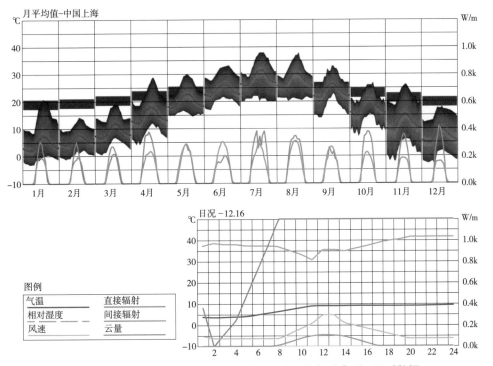

图 5-147　上海全年月平均日及本模拟所选取的冬季典型日逐时数据

针对室外环境的热舒适度，选择冬、春、夏各一日进行模拟，采用这3个典型日的气温、直接辐射、间接辐射、云量的逐时数据。

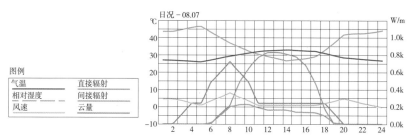

图5-148　本模拟所选取的夏季典型日逐时数据

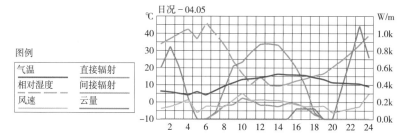

图5-149　本模拟所选取的春秋季典型日逐时数据

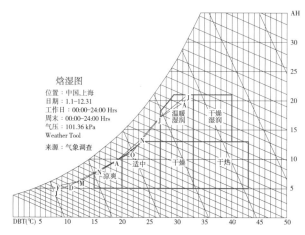

图5-150　上海天然环境的热舒适度分区图

（3）本底模拟分析

本底模拟采用K-TIFilon算法，对8：00～10：00、12：00～14：00和16：00～18：00三个时段进行模拟，模拟的内容包括：风速、风压、温度、直接辐射、间接辐射、相对湿度等6项。然后代入公式计算得到湿黑球温度WBGT（Wet Bulb Globe Temperature）、生理等效温度PET（Physiological Equivalent Temperature）和标准有效温度SET*（Standard Effective Temperature）等3种室外舒适度的分析数值。

用最小二乘法做WBGT与干球温度、相对湿度、太阳辐射和风速的多元线性回归，得到回归方程：

$$WBGT = 1.159Ta + 17.496Rh + 2.404 \times 10^{-3}SR + 1.713 \times 10^{-2}V - 20.661$$

式中，Ta 为空气干球温度,℃；Rh 为相对湿度；SR 为总太阳辐射照度，w/m^2；V 为风速，m/s。

标准化回归方程为：

$$WBGT = 1.439 Ta^* + 0.75RH^* + 0.27SR^* + 0.005V^*$$

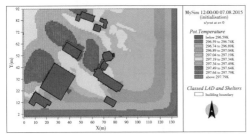

图 5-151　项目本底温度图

（8 月 7 日 12：00）

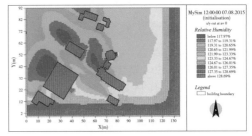

图 5-152　项目本底相对湿度图

（8 月 7 日 12：00）

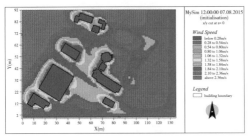

图 5-153　项目本底风速图

（8 月 7 日 12：00）

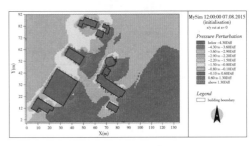

图 5-154　项目本底压力扰动图

（8 月 7 日 12：00）

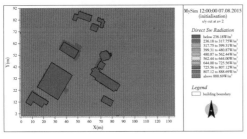

图 5-155　项目本底直接短波辐射图

（8 月 7 日 12：00）

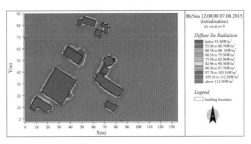

图 5-156　项目本底散射短波辐射图

（8 月 7 日 12：00）

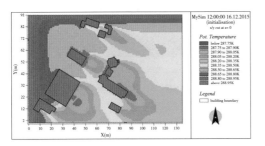

图 5-157　项目本底温度图

（12 月 16 日 12：00）

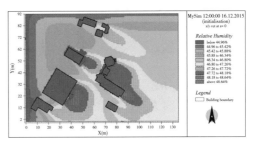

图 5-158　项目本底相对湿度图

（12 月 16 日 12：00）

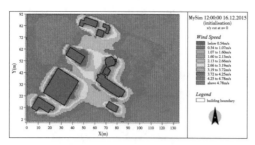

图 5-159　项目本底风速图

（12 月 16 日 12：00）

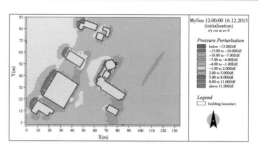

图 5-160　项目本底压力扰动图

（12 月 16 日 12：00）

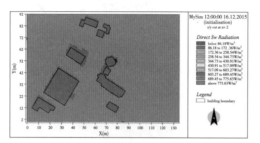

图 5-161　项目本底直接短波辐射图

（12 月 16 日 12：00）

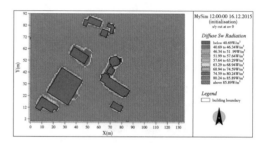

图 5-162　项目本底散射短波辐射图

（12 月 16 日 12：00）

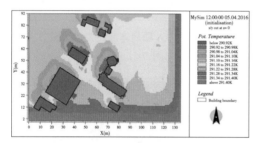

图 5-163　项目本底温度图

（4 月 5 日 12：00）

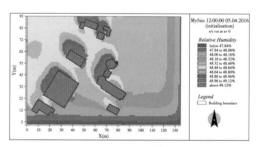

图 5-164　项目本底相对湿度图

（4 月 5 日 12：00）

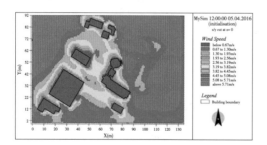

图 5-165　项目本底风速图

（4 月 5 日 12：00）

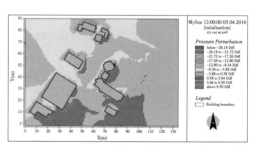

图 5-166　项目本底压力扰动图

（4 月 5 日 12：00）

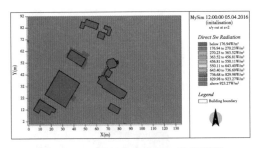

图 5-167　项目本底直接短波辐射图
（4 月 5 日 12：00）

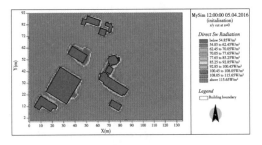

图 5-168　项目本底散射短波辐射图
（4 月 5 日 12：00）

分析结论

优点：本项目东侧即为河流，有利于取得较好的局地小气候；种植在厂房之间的树木，如南侧桂花树、北侧樱花树对防止形成风速较快的"风道"有缓冲作用；沿河绿化，减小风道对周边环境的影响，利于塑造清洁宜人的室外环境。

缺点：冬季，L 形建筑引起了涡流，使停车场不容易通风，停车场地面较裸露容易扬起杂物。

5.4.2.3　本底环境数据检测

（1）检测点的设置

示范地本底环境舒适度从风环境、热舒适度环境、负氧离子环境三个方面进行阐述。

A 检测点：第一试验组位于场地北侧出入口位置，位于东西两侧建筑所夹的"风口"位置，检测由城市环境进入建筑通道环境并得以加强的风速。测定结果显示，该测点风速较对比组风速略有增强（5%～7%），且风向不变。热舒适度水平整体来讲低于对比组，与其他试验组舒适度水平基本持平。负氧离子环境（1050～1170）略低于对比组（1080～1100，10%～15%），各试验组负氧离子环境基本相同。建议在景观设计中，不宜在此区域设置景观微地形及高密度植物景观阻挡"通道风"，而应该在空间和视线上保持适当开敞。植物景观应以遮阴和改善空气质量为主要目的，从而进一步提高景观核心区的舒适度水平。第二试验组由第一试验组向南 10～15m，测定经风道加强后的风速变化及负氧离子等变化，测定数据显示，该区域较第一试验区的"通道风"，风速进一步加强（高于第一试验组 5%～10%），风向的变化特征是趋向于多变。负氧离子浓度（850～970）和热舒适度水平进一步降低（5%～10%）。第三试验组距离第一试验组约 30m，测定数据显示，该区域风速在 3 个试验组中处于最低水平，可能的原因是进入广阔环境后，风速进一步消减，同时热舒适度和负氧离子浓度得到显著回升（1080～1160）。

对比组处于测点所在的通道西侧，检测无风道加强影响的背景环境舒适度特征。

B 检测点：是 4 个检测点中环境舒适度水平最高的。在对比组测点风环境数据为 2～2.5m/s 的情况下，此处表现为无风；热舒适度水平显著高于对比测点；负氧离子水平也高于对比组测点。本底舒适度数据分析结果表明，景观设计中应在此布局水体等主要景观以及休憩区等景观设施。

C 检测点：在环境舒适度水平上仅次于 B 试验点。整体风环境表现为微风。热舒适度水平较高的同时负氧离子水平也高于对比测点。综合上述分析数据，该处宜布局景观型的植物群落，着重以景观绿地的方式对环境舒适度进行改善并尽可能地发挥其微环境效益。

D 检测点：位于项目场地西侧边界，临近城市道路位置，本测点 3 组探头，布局于测点位置向北进入建筑环境的不同距离上(10~30m)。测定结果显示，试验组测点平均风速要高于对比组测点风速(15%~20%)，而热舒适度水平、负氧离子水平(1080~1190)则较对比组略有降低或基本持平。

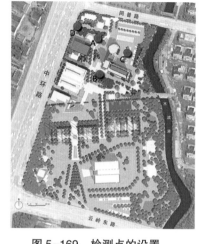

图 5-169　检测点的设置

对比组位于城市道路边，指示城市原始舒适度环境。

总体环境舒适度评价：

风环境水平：B>C>D>A（冬季主导风向）；D>C>B>A（夏季主导风向）

热舒适度水平：C>B>D>A

负氧离子水平：C>B>D>A

总体环境舒适度水平：B>C>D>A

(2)本底检测数据分析及结论

1)本底舒适度评价

本底模拟结果显示：若不加以改善，本项目 75% 以上时段处于 WBGT>28℃或<18℃的非舒适性区间，这个数值在夏热冬冷地区（建筑气候分区Ⅲ区）中，是较为温和的。总体来看，本项目的选址和建筑群空间都有一定巧思，是针对地域的优秀建筑设计，通过景观环境相得益彰地设计，室外环境舒适度还能有提升空间。

图 5-170　微生物绿床绿色
建筑雨水综合利用

2)对技术措施实施给出指导意见

①满足景观功能多元化优化绿地布局。合理布局广场景观、植被密植区景观、疏林草地景观等方式。

②关注人工水景设置对微环境的湿度有效改善，建筑布局前的旷地干燥区域增设水景，局部湿度调节等，提升室外环境的舒适度。

③在示范项目中应用立体绿化技术，包括屋顶绿化、景墙垂直绿化，增加绿量，以改善微气候。

5.4.3　示范技术应用

针对本项目特征，在项目工程中实施了下列技术：①微生物绿床绿色建筑雨水综合利用，示范通过雨污水生态滤池的设置实现；②建筑局部风环境分析引导的设计布局，示范通过植被的改善，调节不利因素；③人工水景的自净化处理技术，示范低成本高效水环境净化技术；④新型立体绿化技术，示范新型立体绿化材料的设计和安装技术。

5.4.3.1　示范技术①微生物绿床绿色建筑雨水综合利用

根据场地现状设置绿地内缓坡地形，在铺装边界与缓坡地形之间，绿地边缘及场地之间布设植被草沟，宽度为 1.2m，下凹深度为 10cm，便于雨水回渗。

(1)地表—边沟—雨落管—区域核心处理设备—回用绿地浇灌

（2）渗流—地下疏水板—边沟（雨落管）—区域核心处理设备—回用绿地浇灌

5.4.3.2 示范技术②建筑局部风环境分析引导的设计布局

在对风环境、光环境进行分析的基础上，结合当地气候特点和场地条件，进行室外环境景观设计。

（1）合理布设广场、植被密植区、疏林草地等景观，满足多元功能需求。

（2）关注人工水景设置对微环境的湿度有效改善。

图 5-171 建筑局部微环境设计布局

5.4.3.3 示范技术③人工水景的自净化处理技术

在社交公共区设置雾喷式水景，调节小区域小气候。

主建筑外的镜面水池，水泵采用不锈钢潜水泵或同等级水泵，球阀、止回阀等配件采用U-PVC材质；瀑布循环流采用多孔管均流的方式，确保瀑布调试的效果达到均匀。泵坑中设置高、中、低3个液面控制档；低液位时，水泵自动停止，保护电机；中液位时，补水电磁阀打开，自动补水；高液位时，补水电磁阀关闭，停止补水。

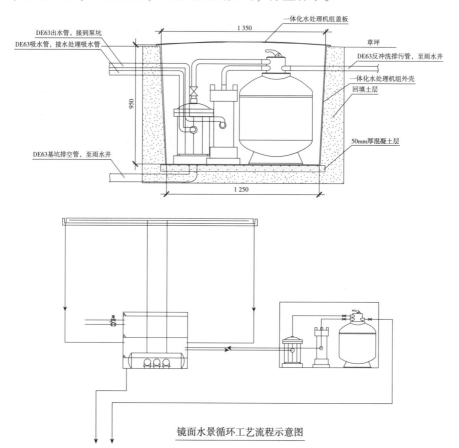

镜面水景循环工艺流程示意图

图5-172 人工水景的自净化处理技术

5.4.3.4 示范技术④新型立体绿化技术的实践

利用既有建筑屋面，在荷载允许的条件下，采用一体化种植槽进行屋顶绿化，满足园区员工工间休憩交往的需求，同时营建舒适的办公环境。

图 5-173 屋顶绿化位置图

图 5-174 五层屋顶原有现状图

图 5-175 三层屋顶原有现状图

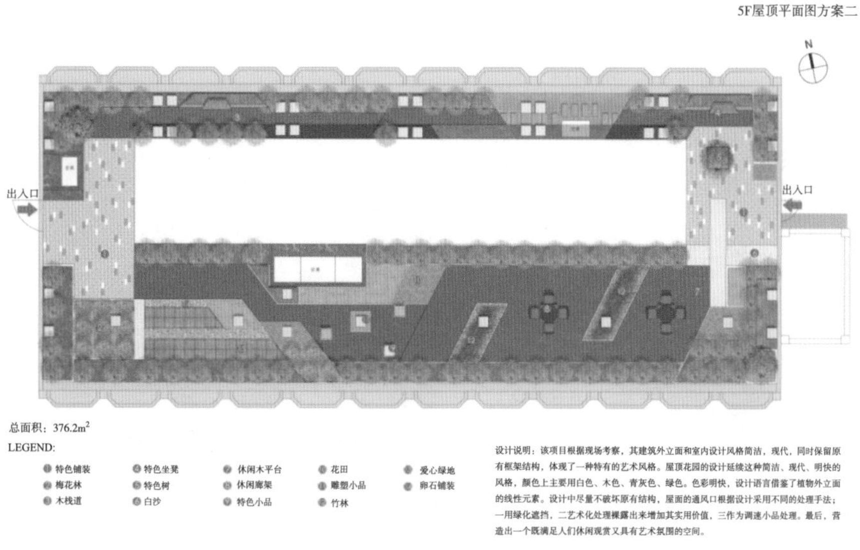

5F屋顶平面图方案二

出入口　　　　　　　　　　　　　　　　　　　　　　　　　　　　　出入口

总面积：376.2m²

LEGEND：

● 特色铺装	● 特色坐凳	● 休闲木平台	● 花田	● 爱心绿地
● 梅花林	● 特色树	● 休闲廊架	● 雕塑小品	● 卵石铺装
● 木栈道	● 白沙	● 特色小品	● 竹林	

设计说明：该项目根据现场考察，其建筑外立面和室内设计风格简洁、现代，同时保留原有框架结构，体现了一种特有的艺术风格。屋顶花园的设计延续这种简洁、现代、明快的风格，颜色上主要用白色、木色、青灰色、绿色、色彩明快，设计语言借鉴了植物外立面的线性元素。设计中尽量不破坏原有结构，屋面的通风口根据设计采用不同的处理手法：一用绿化遮挡，二艺术化处理裸露出来增加其实用价值，三作为调速小品处理。最后，营造出一个既满足人们休闲观赏又具有艺术氛围的空间。

图 5-176 五层绿化方案设计图

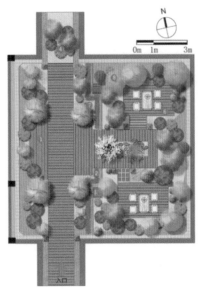

设计说明：

　　整体采用木质铺装进行景观区域划分，满足日常休闲活动及小型团体活动。

　　周边利用绿篱挡围墙，运用木条美化屋顶构筑物，并在其周边种植爬藤植物，用以划分动静区域。

　　静区中央设置主景，上层种植乔木，底部种植四季花草。配以景石形成错落有致的植物景观群落。休闲交往平台设置到角落，周边配以植物围合形成半私密空间。

　　动区设置活动场所及平台以满足小型活动的举办。

① 休憩平台
② 爬藤植物
③ 木条纹装饰
④ 灌木种植
⑤ 中央景观
⑥ 休闲平台
⑦ 四季花草种植

3层平面方案

爬藤植物意向

装饰木条意向　植物群落意向

四季花草种植意向　　　休憩平台意向

图 5-177　三层绿化方案设计图

图 5-178　五层原有楼面

图 5-179　五层种植槽铺设中

图 5-180　五层种植现场

图 5-181　实验楼屋顶种植现场

图 5-182　建成照片

5.4.4　评价及结论

5.4.4.1　建成后水质检测及结论

人工水景的自净化处理技术是水景水质保障的重要内容。人工水景具有净化空气、提供观赏和娱乐休闲空间、改善城市人居环境的作用。

（1）检测点设置

为对比本次应用的"一体化地埋式水处理机组"的水体净化效果，本次检测选取水景内机组的 3 种运行阶段下的水质对比，分析"一体化地埋式水处理机组"对景观水体所携带污染物的去除量。并对场地降雨水进行了取样以供对比分析。水质检测过程中，除 A 点雨水作为对比测点水样取自降雨接收水作为参照外，B 检测点均为项目内该处水景不同运行模式下所取原水水样。其中考虑到运行初期水质与后期水质的差距较大，故于 B 点 3 种运行模式分别设置为：

①机组关闭 1 个月状况下普通水景模式；

②机组运行 2 小时状况下初期净化模式；

③机组运行 6 小时后充分净化模式。

净化前水景感官效果

净化后水景感官效果

现场雨水收集

水景原水收集

水质净化设备

水体净化设备工作中

图 5-183　建成后水质检测

（2）检测数据

检测结果一览表

检测项目	限值	一个月未经净化处理的水景原水	一个月未经净化处理的自然雨水	净化设备运行后 2 小时出水	净化设备运行后 6 小时出水
pH 值（无量纲）	6~9	7.80	7.30	7.90	7.92
溶解氧（mg/L）	≥5	6.96	7.12	6.84	6.80
高锰酸盐指数（mg/L）	≤6	1.18	1.04	1.13	0.96

（续）

检测项目	限值	一个月未经净化处理的水景原水	一个月未经净化处理的自然雨水	净化设备运行后2小时出水	净化设备运行后6小时出水
化学需氧量（COD）（mg/L）	≤20	17.1	18.9	未检出（<10）	未检出（<10）
五日生化需氧量（BOD_5）（mg/L）	≤4	3.5	3.8	未检出（<0.5）	未检出（<0.5）
氨氮（NH_3-N）（mg/L）	≤1.0	0.031	0.82	0.094	0.096
铜（mg/L）	≤1.0	未检出（<0.001）	0.010	0.004	0.002
锌（mg/L）	≤1.0	未检出（<0.05）	0.09	未检出（<0.05）	未检出（<0.05）
氟化物（以F计）（mg/L）	≤1.0	0.22	0.25	0.29	0.28
硒（mg/L）	≤0.01	0.0011	0.0017	0.0012	0.0013
砷（mg/L）	≤0.05	0.0003	0.0011	0.0008	0.0007
汞（mg/L）	≤0.0001	未检出（<0.00005）	未检出（<0.00005）	未检出（<0.00005）	未检出（<0.00005）
镉（mg/L）	≤0.005	未检出（<0.001）	未检出（<0.001）	未检出（<0.001）	未检出（<0.001）
铬（六价）（mg/L）	≤0.05	未检出（<0.004）	未检出（<0.004）	未检出（<0.004）	未检出（<0.004）
铅（mg/L）	≤0.05	未检出（<0.01）	未检出（<0.01）	未检出（<0.01）	未检出（<0.01）
氰化物（mg/L）	≤0.2	未检出（<0.001）	未检出（<0.001）	未检出（<0.001）	未检出（<0.001）
挥发酚（mg/L）	≤0.005	未检出（<0.0003）	0.0026	未检出（<0.0003）	未检出（<0.0003）
石油类（mg/L）	≤0.05	未检出（<0.04）	未检出（<0.04）	未检出（<0.04）	未检出（<0.04）
阴离子表面活性剂（mg/L）	≤0.2	未检出（<0.05）	未检出（<0.05）	未检出（<0.05）	未检出（<0.05）
硫化物（mg/L）	≤0.2	未检出（<0.005）	未检出（<0.005）	未检出（<0.005）	未检出（<0.005）
粪大肠菌群（个/L）	≤10000	<20	$9.6×10^3$	$9.6×10^3$	$9.2×10^3$
色度（度）	——	<5	<5	<5	<5
浑浊度（NTU）	——	<0.5	<0.5	<0.5	<0.5
臭和味	——	无异臭、异味	无异臭、异味	无异臭、异味	无异臭、异味

由表可知，一体化地埋式水处理机组对于水景原水中的高锰酸盐、COD、BOD_5、氨氮、铜离子有明显去除作用。不同时段污染物去除量存在一定差异，净化设备运行6小时后比运行2小时后出水效果有所增强。

（3）检测结论

一体化地埋式水处理机组对于水景水体净化效果明显，建议项目可每周运行1~2次水处理机，每次运行4~6小时，以减少因水质变动引起的水景频繁换水。实践证明，一体化地埋式水处理机组的运用可有效改善水质、提升水景感官效果、节约水源，对改善人居环境起到重要作用。

5.4.4.2 建成后数据检测分析及结论

（1）示范地本底数据

课题组于2015年1月31日至2月3日对上海示范地进行了基础数据测量，见以下附图。

上海属亚热带季风气候,主要气候特征是:春天温暖,夏季炎热,秋天凉爽,冬季阴冷。上海城区面积大、人口密集,有明显的城市热岛效应。经过调查,了解了项目基址的基本物理环境参数、微观气候特征。该区域相对湿度较高,风速偏低。

1)风速检测数据

基址位于城市道路交叉口,测点附近建筑距离较近,房屋间树木对气流有所影响,风速较为和缓。

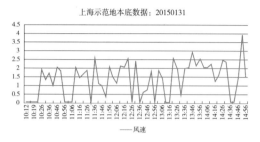

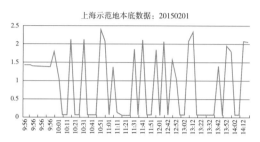

2)温度检测数据

由于1月气温较低,且受小区风速较低的影响,测点温度水平与对照点差距不大,甚至略低于对照点,给人阴冷的感觉。

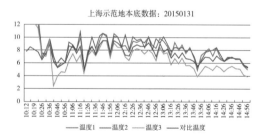

3)相对湿度检测数据

测试点相对湿度较高,结合气温和风速,对该季节的人体舒适度有不利影响,应采取相应措施。

4）辐射强度检测数据

由于建筑布局及现有植物造成微环境辐射强度分布不均衡，波动较大。

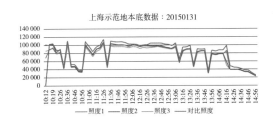

（2）建成后检测数据

2016 年 10 月 18~24 日，对示范地建成环境进行检测，建筑局部风环境引导和立体绿化措施起到一定的作用，环境优化、舒适度水平有所提高。

A 点主要针对场地北侧建筑风口地带的热舒适度水平。

B 点为主要景观休息区域，环境开阔，植物丰富。

C 点为以绿地为主的微环境，衡量绿地植物的热舒适效应。

D 点为西侧道路附近绿化地带，比较环境与基址的相互影响。

1）风速检测数据

经过绿化景观设计，场地内部形成了良好的风环境，各测点风速较为均匀，气流持续，相对于本底数据，平均风速有所提升，对改善基地热环境有所帮助。见附图。

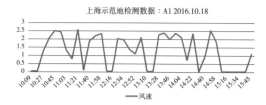

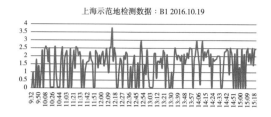

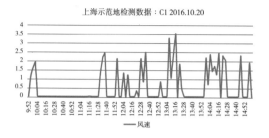

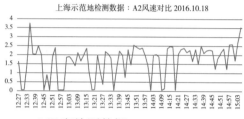

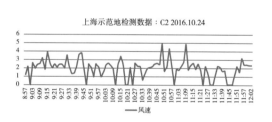

2) 温度检测数据

温度检测结果，A、C 两处温度水平比对照点高，B、D 处温度水平则低于对照点。说明绿化和植物对降低局部温度有较大作用。A、C 处温度偏高，但是仍处于舒适温度范围，说明基地整体环境的热舒适度水平较高，可能由于地势开阔、遮蔽较少，造成气温值较高。见附图。

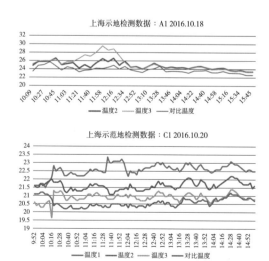

上海示范地检测数据：A2温度对比 2016.10.24

上海示范地检测数据：C2 2016.10.24

3）相对湿度检测数据

上海夏季高温干燥，受城市气候环境影响，建成环境相对湿度及其变化符合当地的气候特征，相对本底数据（冬季）略低，且变化幅度大。可以发现 A 点处受风环境的影响，相对湿度在整个区域内保持较低水平。其他各处也受到通风的影响，风速和风向引起数据有较大波动。见附图。

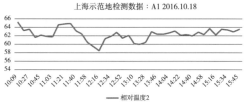

上海示范地检测数据：A1 2016.10.18

上海示范地检测数据：C1 2016.10.20

上海示范地检测数据：B1 2016.10.19

上海示范地检测数据：D1 2016.10.23

上海示范地检测数据：C2 2016.10.24

上海示范地检测数据：A2照度对比 2016.10.24

4）辐射强度检测数据

随着绿化、绿地及各项景观设施的完善，环境辐射强度水平得到明显改善，与对照组相比，所有测点的辐射强度均维持较低水平，变化幅度较小。说明立体绿化和植被的综合效益明显。

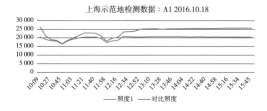

上海示范地检测数据：A1 2016.10.18

上海示范地检测数据：B1 2016.10.19

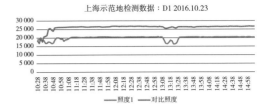

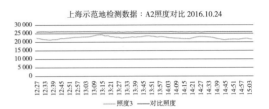

（3）数据分析

通过多元化景观绿地布局，实现了对基地内部风环境的引导，实测微环境中直射辐射强度和风速得到改善。由于直射辐射强度降低、风速相对提高，相对该地区来说，相对湿度较为舒适，虽然温度与参照点相比没有明显差异，但是人体热舒适度仍有所提高。

5.4.4.3 建成后模型模拟分析及结论

通过对建成后环境进行模拟，得到下列分析图：

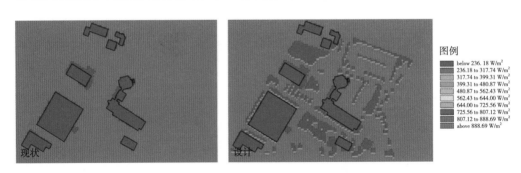

图5-184 本底与设计场景的直接短波辐射对比图（2015年8月7日12：00，夏季典型日）

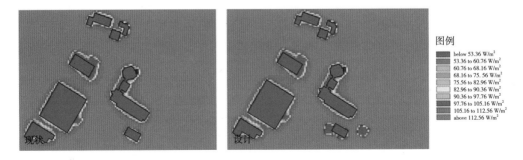

图5-185 本底与设计场景的散射短波辐射对比图（2015年8月7日12：00，夏季典型日）

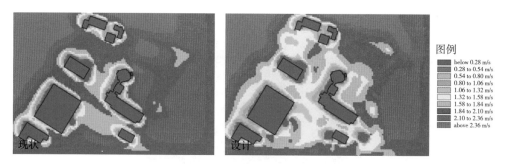

图 5-186　本底与设计场景的风速对比图（2015 年 8 月 7 日 12：00，夏季典型日）

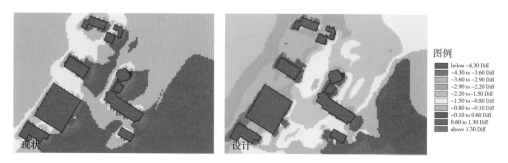

图 5-187　本底与设计场景的压力扰动对比图（2015 年 8 月 7 日 12：00，夏季典型日）

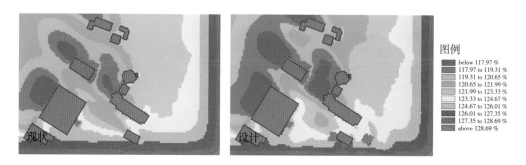

图 5-188　本底与设计场景的相对湿度对比图（2015 年 8 月 7 日 12：00，夏季典型日）

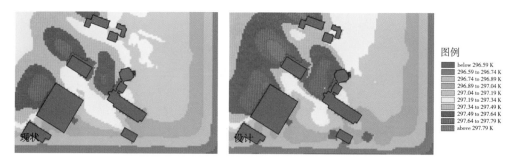

图 5-189　本底与设计场景的温度对比图（2015 年 8 月 7 日 12：00，夏季典型日）

冬季：

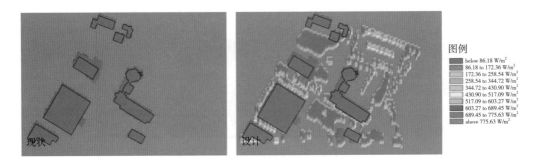

图 5-190　本底与设计场景的直接短波辐射对比图（2015 年 12 月 16 日 12：00，冬季典型日）

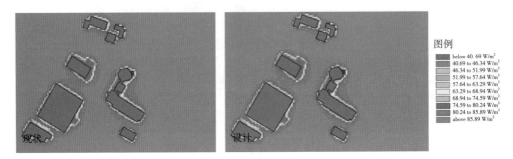

图 5-191　本底与设计场景的散射短波辐射对比图（2015 年 12 月 16 日 12：00，冬季典型日）

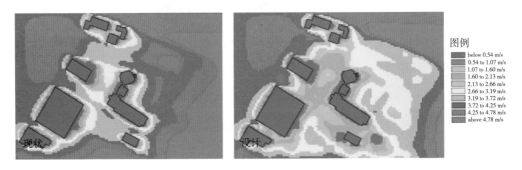

图 5-192　本底与设计场景的风速对比图（2015 年 12 月 16 日 12：00，冬季典型日）

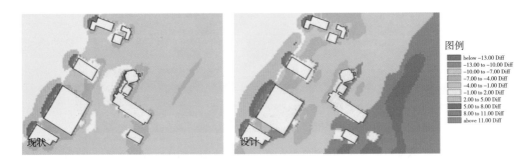

图 5-193　本底与设计场景的压力扰动对比图（2015 年 12 月 16 日 12：00，冬季典型日）

图 5-194　本底与设计场景的相对湿度对比图（2015 年 12 月 16 日 12：00，冬季典型日）

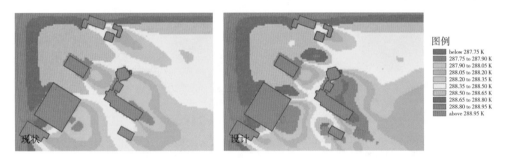

图 5-195　本底与设计场景的温度对比图（2015 年 12 月 16 日 12：00，冬季典型日）

春季：

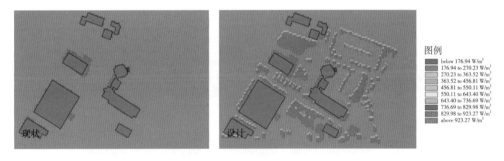

图 5-196　本底与设计场景的直接辐射对比图（2015 年 4 月 5 日 12：00，春季典型日）

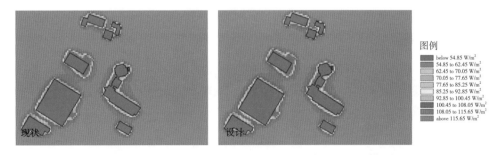

图 5-197　本底与设计场景的间接辐射对比图（2015 年 4 月 5 日 12：00，春季典型日）

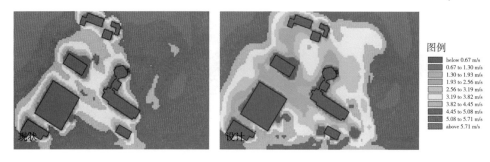

图 5-198　本底与设计场景的风速对比图（2015 年 4 月 5 日 12：00，春季典型日）

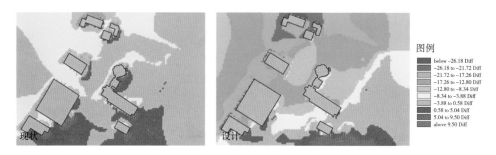

图 5-199　本底与设计场景的压力扰动对比图（2015 年 4 月 5 日 12：00，春季典型日）

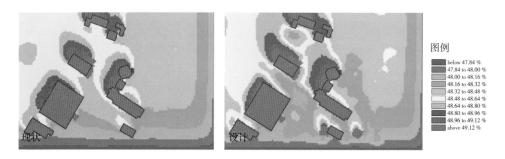

图 5-200　本底与设计场景的相对湿度对比图（2015 年 4 月 5 日 12：00，春季典型日）

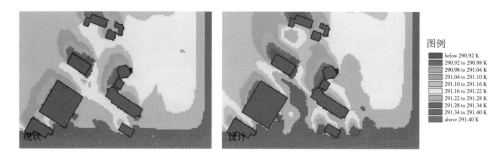

图 5-201　本底与设计场景的温度对比图（2015 年 4 月 5 日 12：00，春季典型日）

经过评测认为：人工水景设置对微环境的湿度改善作用显著，从而提升了室外环境的舒适度；立体绿化技术有效地减少了阳光对建筑的辐射热。综合来看，通过景观设计，多种技术手段的集成应用，项目室外环境中次舒适范围（以 WBGT<30 计），在 7 月 26 日 12：00 增加了约 250m²。

5.4.5 总结

该示范地场地建筑密集，建筑与道路对室外物理环境影响较大。针对上海地区气候特征，采取了局部风环境引导措施和新型立体绿化技术改善室外环境的热舒适度。植被密植、疏林草地景观相结合，对室外风环境的改善起到了积极作用，相对风速较本底监测有所提高，气流持续且分布均衡。结合水景设置，温湿度环境得到改善。新型立体绿化提高了绿化率和遮阴率，太阳辐射强度较周边参照和本底数据都有所减弱，起到了良好的效果。

室外绿地首先通过对微气候调节，影响人体客观生理状态和感受，其次通过人的常识和视觉判断，影响其主观感知，对环境产生适应性，调节生理节律；室外绿地舒适度是综合心理和生理的双重作用，因此在评价时应结合客观和主观影响因子做权重分析。

根据对基地数据的加权分析，参考湿球黑球温度、人体舒适度指数，示范地室外绿地建成环境的舒适度均达到预期目标，相对本底环境有明显改善。

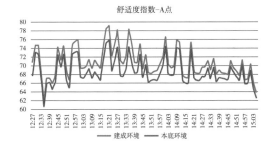

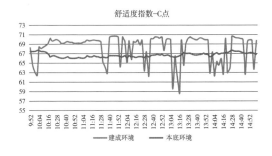

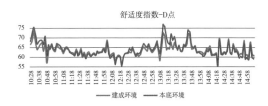

对于上海地区来说，立体绿化技术措施对微气候环境的影响表现在通过植被覆被的增加改善场地下垫面状况，调节环境温度，从而提升环境舒适度。

景观设施及植被的合理布局，改善了基地的风环境，在不同季节都形成了较为温和的内部气场和温度场，从模拟分析来看，利于冬季的场地环境保温以及夏季场地的通风，从而提高环境舒适度。

建筑周边水景的应用对环境湿度的调节起到积极作用，配合风环境的改善，可有效地提升环境舒适度。

结合对建筑室外光照状况的分析，合理配置植物种类，从而保障植物健康生长，有效降低养护管理费用，并结合节水灌溉，水体水质控制等技术措施，保障了绿地景观的可持续性。

参 考 文 献

[1] 柏春. 城市气候设计：城市空间形态气候合理性实现的途径[M]. 北京：中国建筑工业出版社，2009：333.

[2] 包凤达，翁心真. 多元回归分析的软件求解和案例解读[J]. 数理统计与管理，2000，(05)：56-61.

[3] 蔡红艳，杨小唤，张树文. 植物物候对城市热岛响应的研究进展[J]. 生态学杂志，2014，(01)：221-228.

[4] 陈明吴，叶青，陈继平. 浅议城市垂直绿化[J]. 绵阳经济技术高等专科学校学报，2000，(03)：29-30.

[5] 陈睿智. 湿热型气候区建筑景观的微气候舒适度适应性规划设计研究[J]. 生态经济，2014，30(4)：185-187.

[6] 陈小平，焦奕雯，裴婷婷，等. 园林植物吸附细颗粒物(PM2.5)效应研究进展[J]. 生态学杂志，2014，33(9)：2558-2566.

[7] 陈自新，苏雪痕，刘少宗，等. 北京城市园林绿化生态效益的研究(2)[J]. 中国园林，1998，(01)：55.

[8] 范舒欣，晏海，齐石茗月，等. 北京市26种落叶阔叶绿化树种的滞尘能力[J]. 植物生态学报，2015，(07)：736-745.

[9] 冯悦怡，胡潭高，张力小. 城市公园景观空间结构对其热环境效应的影响[J]. 生态学报，2014，(12)：3179-3187.

[10] 冯悦怡，李恩敬，张力小. 校园绿地夏季小气候效应分析[J]. 北京大学学报(自然科学版)，2014，(05)：812-818.

[11] 甘源. 居住区热环境规划与微气候设计研究[D]. 重庆大学，2010.

[12] 龚晨，汪新. 建筑布局对住宅小区风环境的影响研究[J]. 建筑科学，2014，(07)：6-12.

[13] 何介南，肖毅峰. 城市森林改善人居环境舒适度功能及价值评估[C]. 中国河南郑州，2011.

[14] 胡淼淼. 北京奥林匹克森林公园植物景观与生态效益初探[D]. 北京林业大学，2009.

[15] 黄焕春，运迎霞，李洪远，等. 建筑密度与夏季热岛的尺度响应机制[J]. 规划师，2015，31(12)：101-106.

[16] 黄良美，黄玉源，黎桦，等. 南宁市植物群落结构特征与局地小气候效应关系分析[J]. 广西植物，2008，(02)：211-217.

[17] 蒋中秋. 城市中的绿化环境[D]. 武汉理工大学，2003.

[18] 金建伟. 街区尺度室外热环境三维数值模拟研究[D]. 浙江大学建筑工程学院 浙江大学，2010.

[19] 靳宁，景元书，武永利. 南京市区不同下垫面对人体舒适度的影响分析[J]. 气候与环境研究，2009，(04)：445-450.

[20] 赖达祎. 中国北方地区室外热舒适研究[D]. 天津大学，2012.

[21] 冷寒冰，胡永红，周鑫，等. 室外植物对人体舒适度及环境满意率的影响[J]. 中南大学学报：自然科学版，2012，43(11)：4574-4580.

［22］李成．绿化对多层居住区室外热环境影响的研究［D］：华中农业大学，2009．

［23］李翔泽，李宏勇，张清涛，等．不同地被类型对城市热环境的影响研究［J］．生态环境学报，2014，23（1）：106-112．

［24］李秀存，苏志．广西夏季旅游气候舒适度的模糊综合评判［J］．热带地理，1999，（02）：89-92．

［25］林波荣．绿化对室外热环境影响的研究［D］：清华大学，2004．

［26］林学椿，于淑秋，唐国利．北京城市化进程与热岛强度关系的研究［J］．自然科学进展，2005，15（7）：882-886．

［27］林荫．南京雨花台景区绿地结构与小气候因子的关系［D］：南京林业大学，2014．

［28］林莹．居住区绿地主要植物群落类型人体舒适度评价初探［D］：西南大学，2010．

［29］刘贵利．城市生态规划理论与方法［M］．南京：东南大学出版社，2002．

［30］刘惠民．夏季高温期间空调房间人体舒适度研究［EB/OL］．［7］．

［31］刘娇妹，杨志峰．北京市冬季不同景观下垫面温湿度变化特征［J］．生态学报，2009，（06）：3241-3252．

［32］刘梅，于波，姚克敏．人体舒适度研究现状及其开发应用前景［J］．气象科技，2002，（01）：11-14．

［33］刘小芳，李宝鑫，芦岩，等．既有围合场地中建筑布局对室外风环境的影响分析［J］．建筑节能，2013，（06）：62-67．

［34］刘勇洪，徐永明，马京津，等．北京城市热岛的定量监测及规划模拟研究［J］．生态环境学报，2014，（07）：1156-1163．

［35］栾庆祖，叶彩华，刘勇洪，等．城市绿地对周边热环境影响遥感研究--以北京为例［J］．生态环境学报，2014，23（2）：252-261．

［36］马之春．城市的灰空间［M］．上海：同济大学，2007．

［37］孟丹，李小娟，宫辉力，等．北京地区热力景观格局及典型城市景观的热环境效应［EB/OL］．［13］．

［38］潘剑彬，董丽，晏海．北京奥林匹克森林公园绿地空气负离子密度季节和年度变化特征［J］．东北林业大学学报，2012，40（9）：44-50．

［39］钱妙芬，叶梅．旅游气候宜人度评价方法研究［J］．成都气象学院学报，1996，（03）：35-41．

［40］秦仲，巴成宝，李湛东．北京市不同植物群落的降温增湿效应研究［J］．生态科学，2012，（05）：567-571．

［41］邱海玲．北京城市热岛效应及绿地降温作用研究［D］：北京林业大学，2014．

［42］施琪．郑州市不同立体绿化方式的降温增湿效应研究［D］：河南农业大学，2006．

［43］唐鸣放，白雪莲．城市屋面绿化生态热效应［EB/OL］．［4］．

［44］田华林．现代城市绿化——立体绿化初探［J］．贵州林业科技，2001，29（3）：62-64．

［45］万君，周月华，向华．植被和水体对襄阳市城市热岛效应影响分析．第31届中国气象学会年会，中国北京，2014．

［46］汪永英，孔令伟，李雯，等．哈尔滨城市森林小气候状况及对人体舒适度的影响［J］．东北林业大学学报，2012，40（7）：90-93．

［47］王德平，岳志春，郭北玲，等．基于人体舒适度的城市绿地面积的确定［J］．安徽农业科学，2010，38

（10）：5445-5447.

[48] 王红娟. 石家庄市绿地秋季温湿效应研究[D]：河北师范大学，2014.

[49] 王喜全，王自发，郭虎，等. 北京集中绿化区气温对夏季高温天气的响应[J]. 气候与环境研究，
2008，13（1）：39-44.

[50] 王远飞，沈愈. 上海市夏季温湿效应与人体舒适度[J]. 华东师范大学学报（自然科学版），1998，
（03）：60-66.

[51] 吴菲，李树华，刘娇妹. 城市绿地面积与温湿效益之间关系的研究[J]. 中国园林，2007b，（06）：
71-74.

[52] 吴菲，李树华，刘娇妹. 林下广场、无林广场和草坪的温湿度及人体舒适度[J]. 生态学报，2007a，
27（7）：2964-2971.

[53] 吴菲，张志国，王广勇. 北京54种常用园林植物降温增湿效应研究[C]. //中国园艺学会观赏园艺专
业委员会，张启翔：中国观赏园艺研究进展2012.

[54] 吴菲，朱春阳，李树华. 北京市6种下垫面不同季节温湿度变化特征[J]. 西北林学院学报，2013，
（01）：207-213.

[55] 吴金顺. 屋顶绿化对建筑节能及城市生态环境影响的研究[D]：河北工程大学，2007.

[56] 夏繁茂，季孔庶，杨宜东. 植物不同配置模式对绿地小气候温湿度的影响[J]. 林业科技开发，2013，
（05）：75-78.

[57] 夏立新. 郑州市人体舒适度预报[J]. 河南气象，2000，（02）：30-31.

[58] 谢伟成，程会超. 关于建筑基底、绿地面积测量计算方法的探讨[J]. 城市勘测，2012，（02）：
132-133.

[59] 徐高福，洪利兴，柏明娥. 不同植物配置与住宅绿地类型的降温增湿效益分析[J]. 防护林科技，
2009，（03）：3-5.

[60] 徐竟成，朱晓燕，李光明. 城市小型景观水体周边滨水区对人体舒适度的影响[J]. 中国给水排水，
2007，23（10）：101-104.

[61] 徐祥德，汤绪. 城市化环境气象学引论[M]：北京：气象出版社，2002：284.

[62] 轩春怡. 城市水体布局变化对局地大气环境的影响效应研究[D]：兰州大学，2011.

[63] 玄明君，王鼎震，孙彦坤. 哈尔滨市郊八月不同下垫面人体舒适度指数日变化特征[J]. 东北农业大
学学报，2011，42（5）：104-109.

[64] 亚布拉罕森，陈社英. 试验组与参照组[J]. 现代外国哲学社会科学文摘，1988，（04）：11-13.

[65] 闫业超，岳书平，刘学华，等. 国内外气候舒适度评价研究进展[EB/OL].[10].

[66] 阎琳. 影响人体热感觉的因素的敏感性分析[J]. 安徽机电学院学报，1998，（3）.

[67] 晏海，王雪，董丽. 华北树木群落夏季微气候特征及其对人体舒适度的影响[J]. 北京林业大学学报，
2012，34（5）：57-63.

[68] 晏海. 城市公园绿地小气候环境效应及其影响因子研究[D]：北京林业大学，2014a.

[69] 杨芳绒，任娟，杜佳，等. 高校校园环境不同灰空间夏季小气候及舒适度[J]. 湖南农业科学，2011，
（4）：42-43，51.

［70］杨凯，唐敏，刘源，等．上海中心城区河流及水体周边小气候效应分析［J］．华东师范大学学报（自然科学版），2004，（03）：105-114.

［71］杨士弘．城市绿化树木的降温增湿效应研究［J］．地理研究，1994，（04）：74-80.

［72］杨思声．近代闽南侨乡外廊式建筑文化景观研究［D］．广州：华南理工大学，2011.

［73］杨易，顾明，金新阳，等．风环境数值模拟中模拟植被的数学模型与应用［J］．同济大学学报（自然科学版），2010，（09）：1266-1270.

［74］尤媛．水体、建筑物对气温、风观测的影响研究［D］：南京信息工程大学，2015.

［75］余树全，冯洁．夏季不同绿地类型温湿度及空气负离子浓度变化特征研究［J］．东北农业大学学报，2013，（05）：66-74.

［76］袁琦．热岛效应对城市规划的影响研究综述［J］．城市地理，2016，（02）：43-44.

［77］苑征．北京部分绿地群落温湿度状况及对人体舒适度影响［D］：北京林业大学，2011.

［78］曾彪．基于CFD风环境模拟对小区建筑布局的优化［J］．建筑节能，2014，（6）：79-83.

［79］曾玲玲．基于体表温度的室内热环境响应试验研究［D］：重庆大学，2008.

［80］张立杰，张丽，李磊，等．2011年深圳人体舒适度空间分布特征及影响因子分析［J］．气象与环境学报，2013，（06）：134-139.

［81］张丽红，李树华．城市水体对周边绿地水平方向温湿度影响的研究［EB/OL］．

［82］张清．从人体舒适度看高温及其影响［J］．甘肃气象，1998，（02）：40-41.

［83］张艳丽，费世民，李智勇，等．成都市沙河主要绿化树种固碳释氧和降温增湿效益［J］．生态学报，2013，33(12)：3878-3887.

［84］张懿琳，尤继勇，陈安全，等．中国城市绿地系统规划的发展与应用［J］．四川林业科技，2010，31(1)：68-73.

［85］张志薇，孙宏，蒋薇，等．南京地区人体舒适度及其与居民循环系统疾病死亡关系的研多［J］．气候变化研究进展，2014，10(1)：67-73.

［86］郑有飞，尹继福，吴荣军，等．热气候指数在人体舒适度预报中的适用性［J］．应用气象学报，2010，21(6)：709-715.

［87］郑有飞，余永江，谈建国，等．气象参数对人体舒适度的影响研究［J］．气象科技，2007，（06）：827-831.

［88］郑祚芳，轩春怡，高华．影响北京城市生态环境的气候指数变化趋势［J］．生态环境学报，2012，21(11)：1841-1846.

［89］周浩超．水体对居住小区局地气候调节作用研究［D］：广东工业大学，2014.

［90］周滔，邹倩．城市居住区建筑布局的环境效应研究——以重庆市某旧城改造项目为例［J］．工程管理学报，2014，（02）：52-56.

［91］Berkovic S, Yezioro A, Bitan A. Study of thermal comfort in courtyards in a hot aridclimate［J］. SOLAR ENERGY, 2012, 86(5)：1173-1186.

［92］Bonan G B. The microclimates of a suburban Colorado (USA) landscape and implications for planning anddesign［J］. Landscape and Urban Planning, 2000, 49(3)：97-114.

[93] Boukhabl M, Alkam D. Impact of Vegetation on Thermal Conditions Outside, Thermal Modeling of Urban Microclimate, Case Study: The Street of the Republic, Biskra[J]. Energy Procedia, 2012, 18(0): 73-84.

[94] Bourbia F, Boucheriba F. Impact of street design on urban microclimate for semi arid climate (Constantine) [J]. RENEWABLE ENERGY, 2010, 35(2): 343-347.

[95] Chang C, Chang S, Li M. A preliminary study on the local cool-island intensity of Taipei cityparks[J]. Landscape and Urban Planning, 2007, 80(4): 386-395.

[96] Debbage N, Shepherd J M. The urban heat island effect and citycontiguity[J]. Computers, Environment and Urban Systems, 2015, 54: 181-194.

[97] E. Erell D P T. Urban microclimate: designing the spaces betweenbuildings[J]. Earthscan, 2012.

[98] Giridharan R, Lau S S Y, Ganesan S, et al. Urban design factors influencing heat island intensity in high-rise high-density environments of HongKong[J]. Building and Environment, 2007, 42(10): 3669-3684.

[99] Gómez F, Cueva A P, Valcuende M, et al. Research on ecological design to enhance comfort in open spaces of a city (Valencia, Spain). Utility of the physiological equivalent temperature (PET)[J]. Ecological Engineering, 2013, 57: 27-39.

[100] Hamada S, Tanaka T, Ohta T. Impacts of land use and topography on the cooling effect of green areas on surrounding urbanareas[J]. Urban Forestry & Urban Greening, 2013, 12(4): 426-434.

[101] Herrmann J, Matzarakis A. Mean radiant temperature in idealised urban canyons-examples from Freiburg, Germany[J]. INTERNATIONAL JOURNAL OF BIOMETEOROLOGY, 2012, 56(1): 199-203.

[102] Jamei E, Rajagopalan P, Seyedmahmoudian M, et al. Review on the impact of urban geometry and pedestrian level greening on outdoor thermalcomfort [J]. Renewable and Sustainable Energy Reviews, 2016, 54: 1002-1017.

[103] K. Steemers N B D C. City texture andmicroclimate[J]. Urban Des Stud, 1997, (3): 25-50.

[104] Krüger E, Givoni B. Outdoor measurements and temperature comparisons of seven monitoring stations: Preliminary studies in Curitiba, Brazil[J]. Building and Environment, 2007, 42(4): 1685-1698.

[105] Lai D, Guo D, Hou Y, et al. Studies of outdoor thermal comfort in northernChina[J]. Building and Environment, 2014, 77(0): 110-118.

[106] Macpherson R K. The assessment of thermalenvironment[J]. British journal of industrial medicine, 1962, 19: 151-164.

[107] Matzarakis A, Mayer H, Iziomon M G. Applications of a universal thermal index: physiological equivalent temperature. [J]. International journal of biometeorology, 1999, 43(2): 76-84.

[108] Memon R A, Leung D Y C, Liu C, et al. Urban heat island and its effect on the cooling and heating demands in urban and suburban areas of Hong Kong[J]. Theoretical and Applied Climatology, 2011, 103(3-4): 441-450.

[109] Memon R A, Leung D Y, Chunho L. A review on the generation, determination and mitigation of urban heatisland[J]. J Environ Sci (China), 2008, 20(1): 120-128.

[110] Niachou. Analysis of the green roof thermal properties and investigation of its energyPerformane[J]. Energy

And Buildings, 2001, (33): 719-729.

[111] OFP. Analysis and Application in Environment Engineering [J]. Copenhagen: Danish Technical, 1970.

[112] Oke T R, Crowther J M, Mcnaughton K G, et al. The Micrometeorology of the Urban Forest [and Discussion] [J]. Philosophical Transactions of the Royal Society B: Biological Sciences, 1989, 324(1223): 335-349.

[113] Oke T R. The energetic basis of the urban heatisland[J]. Quarterly Journal of the Royal Meteorological Society, 1982, 455(108): 1-24.

[114] Olgyay V. Design withClimate[M]: Princeton NJ: Princeton University Press, 1963.

[115] Oliveira S, Andrade H, Vaz T. The cooling effect of green spaces as a contribution to the mitigation of urban heat: A case study inLisbon[J]. Building and Environment, 2011, 46(11): 2186-2194.

[116] Onmura. Study on evaporative cooling effert of roof lawn garden [J]. Energy and Buildings, 2001, (33): 653-666.

[117] Ratti C, Raydan D, Steemers K. Building form and environmental performance: archetypes, analysis and an aridclimate[J]. ENERGY AND BUILDINGS, 2003, 35(PII S0378-7788(02)00079-81): 49-59.

[118] Roth M. Review of urban climate research in (sub)tropical regions[J]. International Journal of Climatology, 2007, 27(14): 1859-1873.

[119] Shashua-Bar L, Pearlmutter D, Erell E. The cooling efficiency of urban landscape strategies in a hot dryclimate[J]. LANDSCAPE AND URBAN PLANNING, 2009, 92(3-4): 179-186.

[120] Shashua-Bar L. Vegetation as a climatic component in the design of an urban street An empirical model for predicting the cooling effect of urban green areas withtrees[J]. Energy and Buildings, 2000, 31(3): 221-235.

[121] Susorova I, Azimi P, Stephens B. The effects of climbing vegetation on the local microclimate, thermal performance, and air infiltration of four building facadeorientations[J]. Building and Environment, 2014, 76(0): 113-124.

[122] Taleghani M, Kleerekoper L, Tenpierik M, et al. Outdoor thermal comfort within five different urban forms in the Netherlands[J]. Building and Environment, 2015, 83: 65-78.

[123] Taleghani M, Sailor D J, Tenpierik M, et al. Thermal assessment of heat mitigation strategies: The case of Portland State University, Oregon, USA[J]. BUILDING AND ENVIRONMENT, 2014, 73: 138-150.

[124] Taleghani M, Tenpierik M, Kurvers S, et al. A review into thermal comfort inbuildings[J]. RENEWABLE & SUSTAINABLE ENERGY REVIEWS, 2013, 26: 201-215.

[125] Thom E C. The DiscomfortIndex[Z]. 1959: 12, 57-61.

[126] Tr O. Boundary layerclimates[M]: New York: Routledge, 1987.

[127] Tseliou A, Tsiros I X, Lykoudis S, et al. An evaluation of three biometeorological indices for human thermal comfort in urban outdoor areas under real climaticconditions[J]. BUILDING AND ENVIRONMENT, 2010, 45(5): 1346-1352.

[128] Wilmers F. Effects of vegetation on urban climate andbuildings[J]. Energy and Buildings, 1991, 15: 507-514.

［129］ Yan H, Fan S, Guo C, et al. Assessing the effects of landscape design parameters on intra-urban air temperature variability：The case of Beijing, China［J］. Building and Environment, 2014a, 76(0)：44-53.

［130］ Yan H, Fan S, Guo C, et al. Assessing the effects of landscape design parameters on intra-urban air temperature variability：The case of Beijing, China［J］. Building and Environment, 2014b, 76：44-53.

［131］ Yang F, Lau S S Y, Qian F. Summertime heat island intensities in three high-rise housing quarters in inner-city Shanghai China：Building layout, density andgreenery［J］. Building and Environment, 2010, 45(1)：115-134.

［132］ Yokohari, Ohta. Effect of land cover on air temperatres involved in the development of an intra-urban heatisland［J］. climate research, 2009, 29(1)：61-73.

［133］ Yu C 和 H W. Thermal benefits of city parks［J］. Energy & Buildings, 2006, 38(2)：105-120.